火星的故事

Patrick Moore On Mars

[英] 帕特里克 · 摩尔 / 著
宋宇莹　刘茜 / 译

北京理工大学出版社
BEIJING INSTITUTE OF TECHNOLOGY PRESS

右：“火星 1 号”，俄国人发射火星探测器的首次尝试。在发射的早期就失去了联系。

上：撞击坑，“水手 7 号”拍摄于南极区域。这两个撞击坑的外号是“巨人的脚印”。

左：“水手 9 号”的发射，第一个环绕火星飞行的空间探测器。

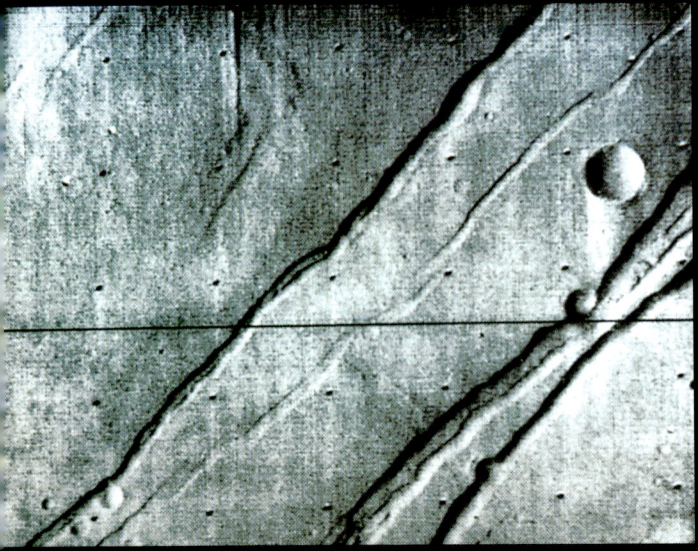

左：塞壬地区的细长线形结构，“水手 9 号” 拍摄。很明显有轻微的侵蚀。

下：古老的河床，“水手 9 号” 拍摄。再次发现了明显的轻微侵蚀。

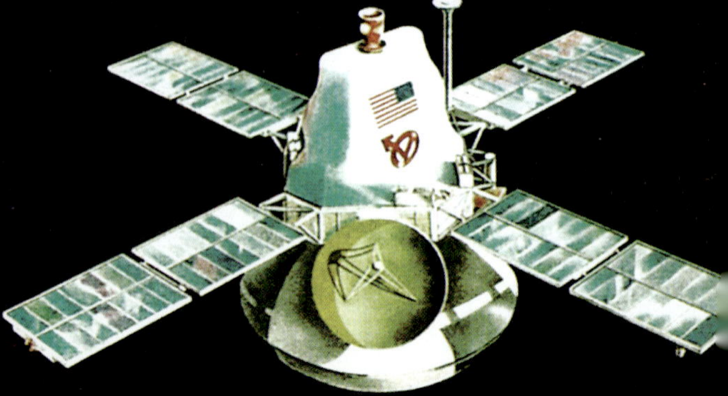

右：“海盗 1 号” 飞船。“海盗 2 号” 外形完全相同。

望远镜中的火星

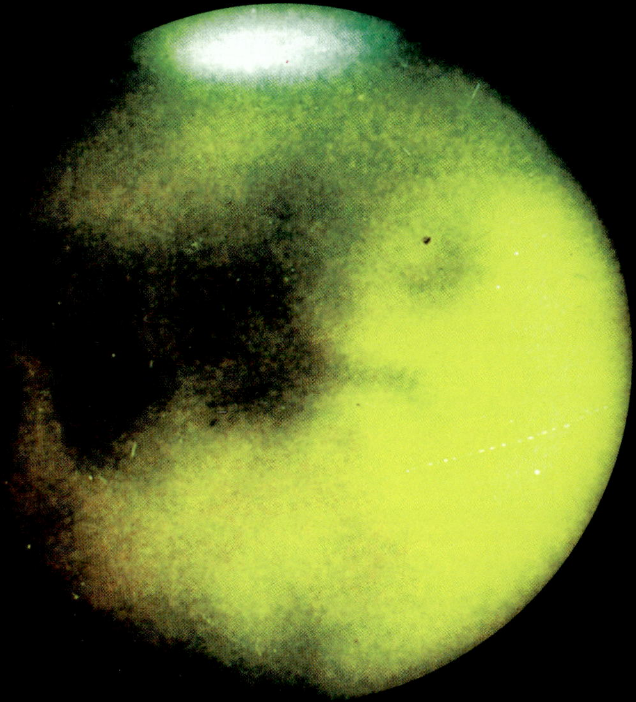

左：火星，C · 卡彭（C.Capen）1973 年使用 24 英寸洛维尔折射镜拍摄。

右：24 英寸洛维尔折射镜，我摄于 1997 年。这是洛维尔观测时使用的望远镜。

下：斯基帕雷利的火星地图，显示了网状运河的结构；大多数的观测是用米兰的 9 英寸折射镜完成的。

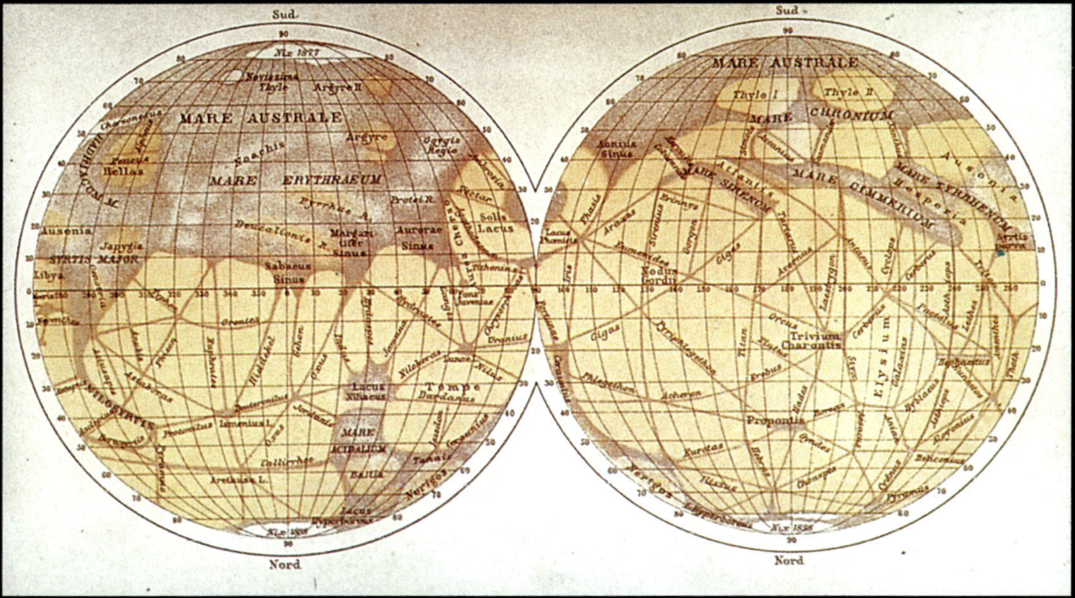

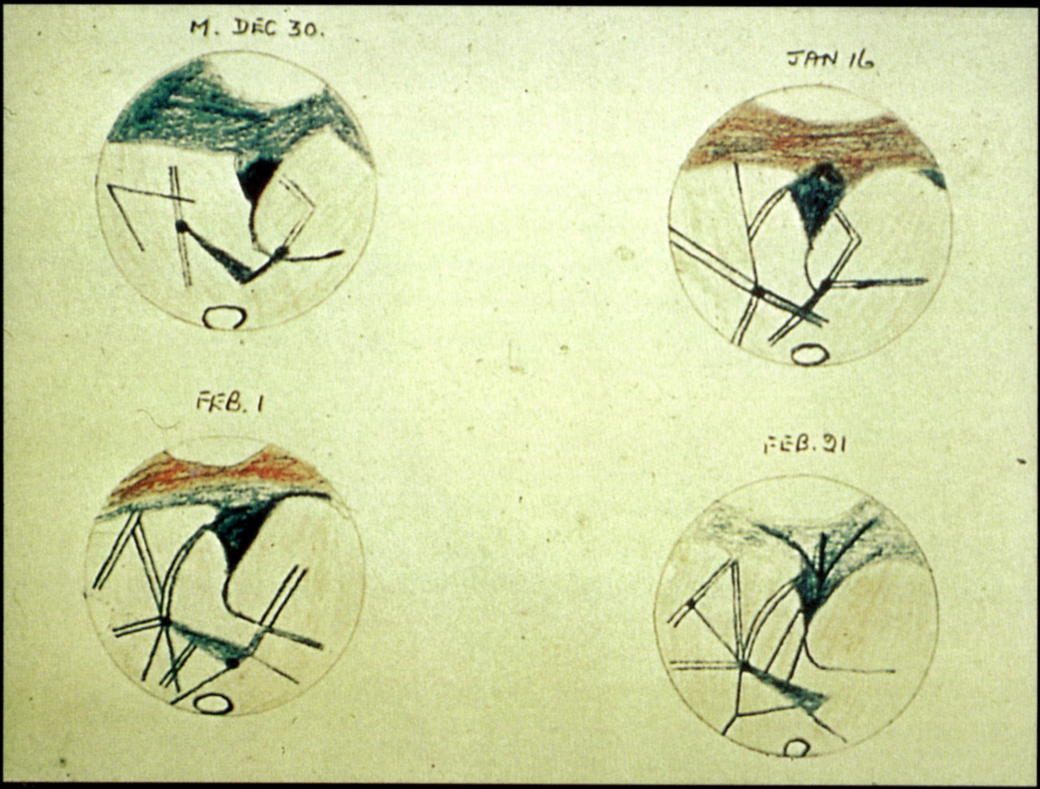

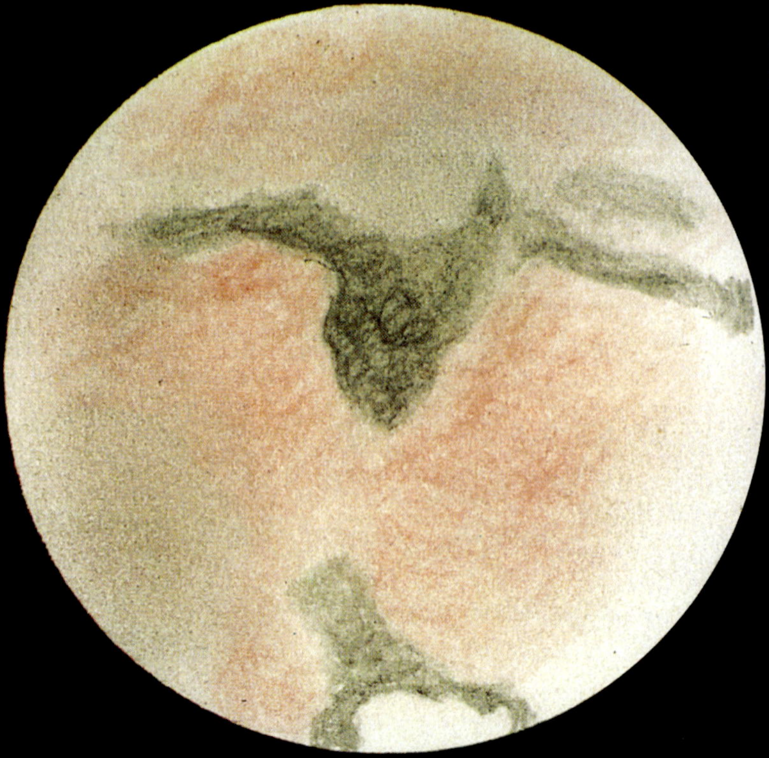

上: 火星的运河，洛维尔绘制于1894年。

左: 火星，我使用洛维尔 24 英寸折射镜绘制于 1980 年 2 月 4 日，放大率 815，看不到运河。

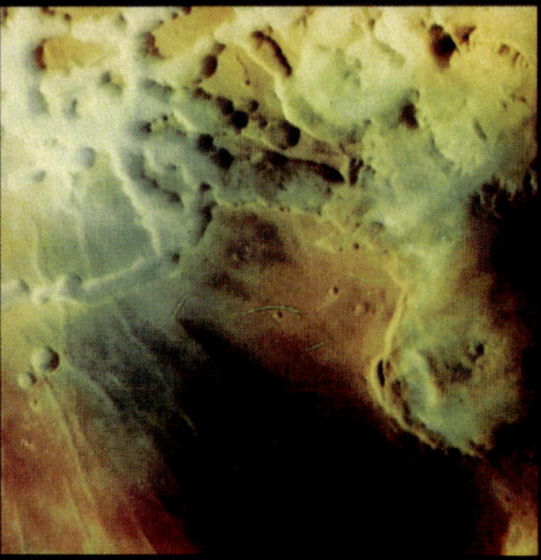

上左： 夜之迷宫区域早上的阴暗；“海盗号”轨道飞行器。这是同类峡谷中惟一的真正大型的复杂结构。

上： 霹雳山丘，典型的具有中央火山口的火山结构。

上：“岛”——几乎可以肯定是由流水作用形成的，当时火星有着比现在浓密得多的大气。

右： 尤蒂撞击坑，典型的火星撞击坑，有着大质量的中央突起。直径为 11 英里，有着高墙结构。位于北纬 22.4 度，西经 34.1 度。

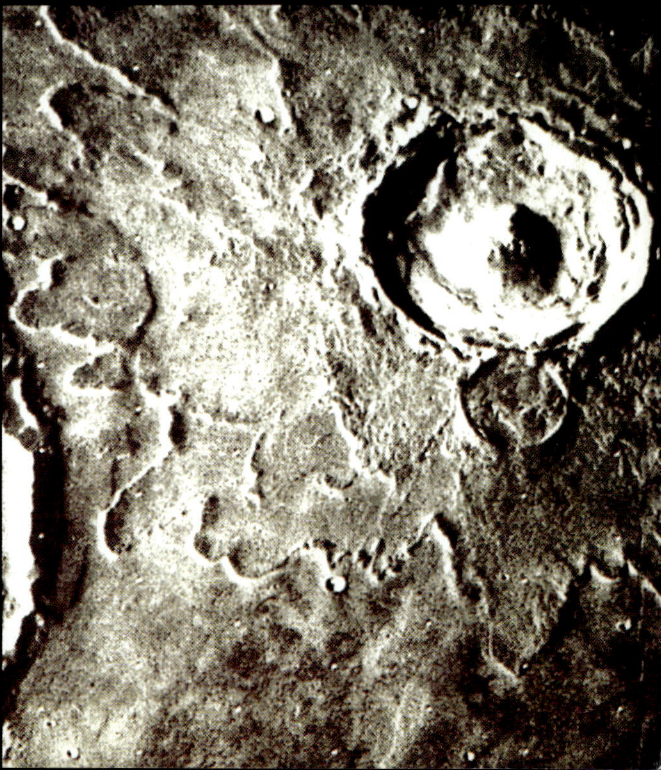

上：“海盗1号”登陆器的第一幅彩色图像，摄于金洲（色彩尚未校正）。

右：“大个子乔”，距离“海盗1号”登陆器（VL1）降落地点不远的一块圆石。非常幸运的是登陆器没有落在石头上。

右：火星外观，“海盗1号”拍摄。奥林匹斯火山在顶部附近可见，并有云层围绕。

下：火星远景，“海盗1号”拍摄：水手谷清晰可见。

底：水手谷，近距离照片（“海盗1号”）。火山在图左可见。

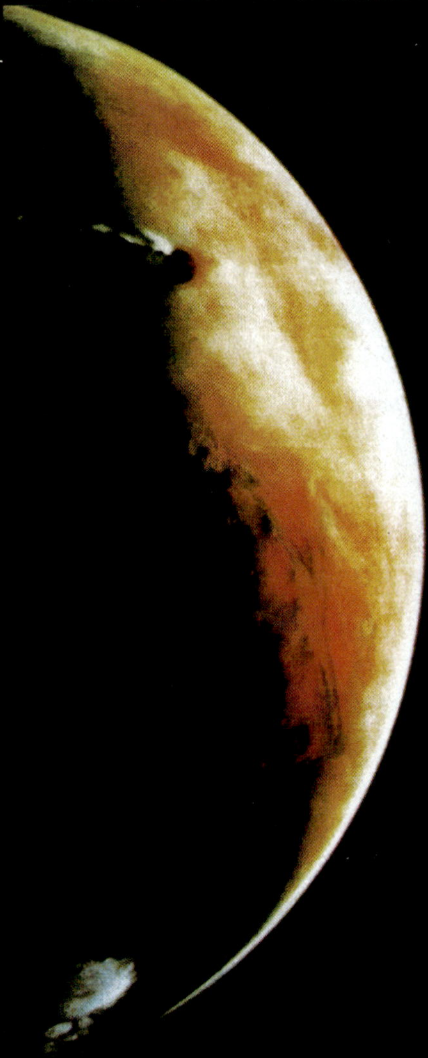

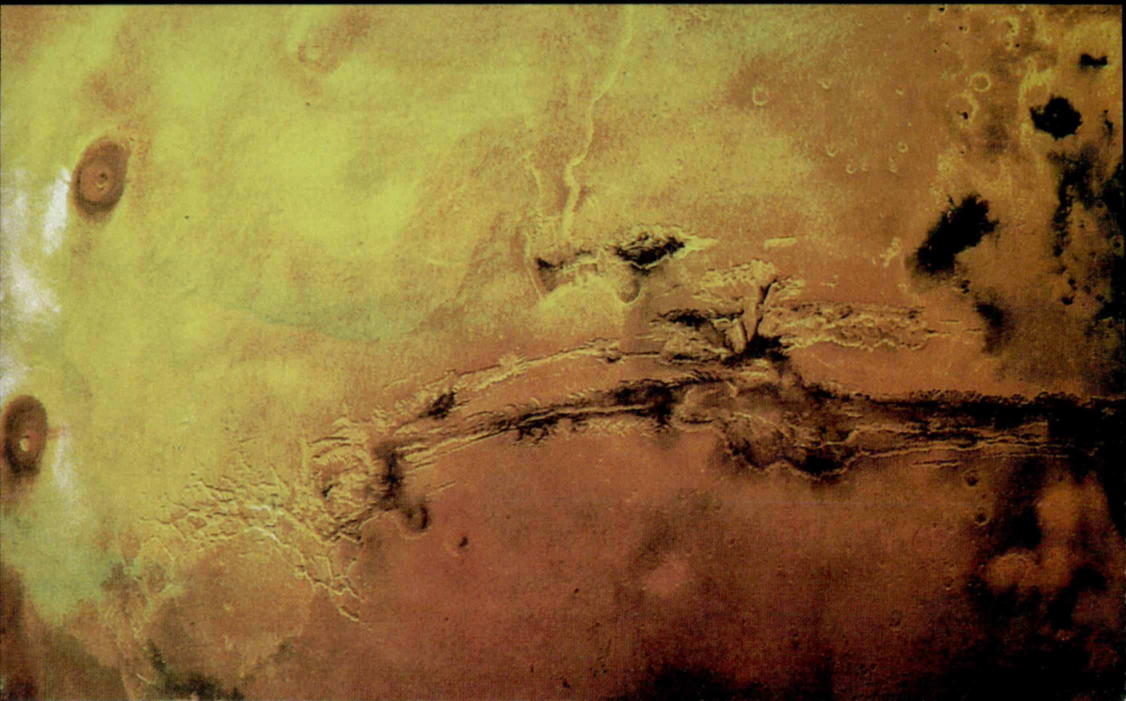

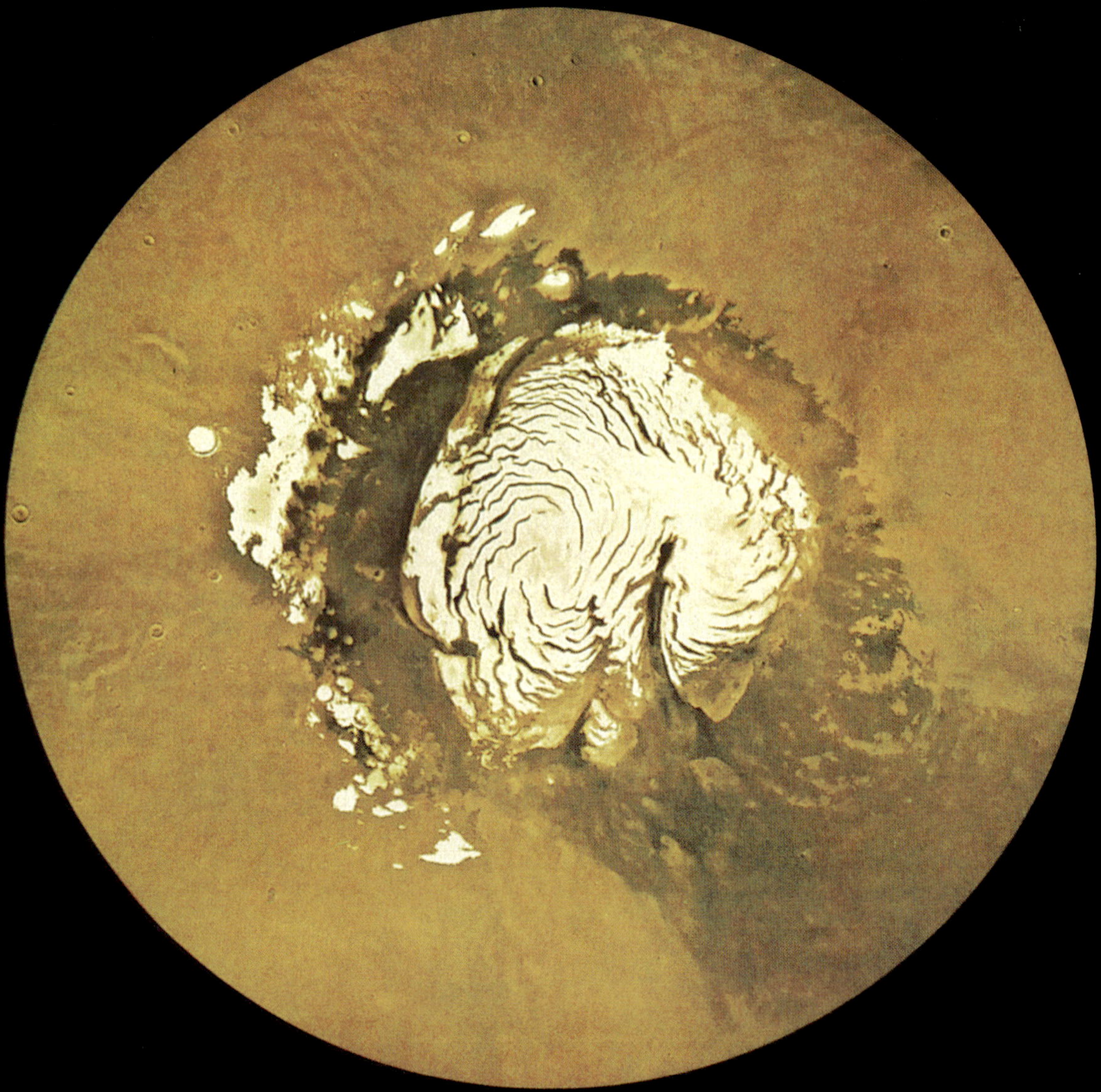

上： 北海区域的北极水冰极冠；“海盗号”拍摄。

右： 奥林匹斯火山，“海盗号”轨道飞行器拍摄；太阳系中坡度最为平缓的火山，顶部有一个结构复杂的火山口。

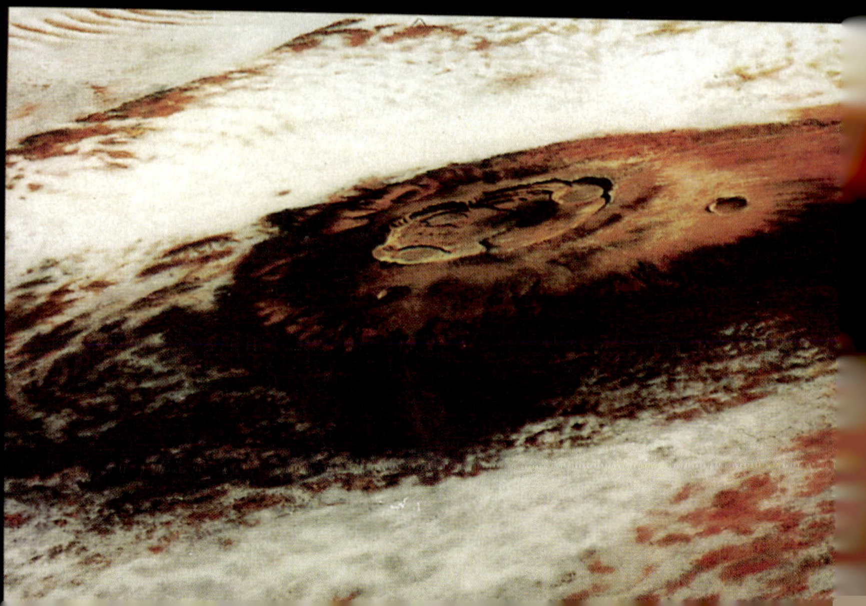

上：位于金洲平原的沙丘。"海盗 1 号"登陆舱拍摄。

下："海盗 1 号"登陆舱挖出的浅沟。土壤样品被带回轨道飞行器并进行分析，但是并没有发现确切的生命迹象。

上:“海盗 1 号”登陆舱着陆点附近的日落景象。温度下降得非常迅速。

右:“海盗 2 号”登陆舱着陆点附近的白霜，位于乌托邦地区。同时还可以看到一部分着陆器本身。此处位于“海盗 1 号”的着陆点，金洲平原的正南方。

左:1997 年哈勃望远镜拍摄到的火星。上南下北。南极极冠、主要的暗淡区域和一些云都很好地显示出来。

左：“火星观察家号”，在抵达火星时失去联系并丢失。

上：陨石 ALH84001，发现于南极洲。很多人相信它来自火星。

右：火星“探路者号”的发射现场。“探路者号”同时还携带了一辆探测车“漫游者号”。

上：安全着陆："探路者号"抵达了火星。"漫游者号"仍位于内部，等待着被启动。

左中：被起名为"楔形蛋糕"和"平顶"的两块岩石。"楔形蛋糕"位于图中左侧。"平顶"的正下方是另一块被昵称为"乒乓"的岩石。

左下：战神谷的全景。双峰位于地平方向，左南右北。"漫游者号"将从左边的斜坡驶下"探路者号"。它的上方是第一个被近距离探测的岩石——藤壶比尔。

右：火卫二。位于外侧轨道、较小的火星卫星（"海盗号"拍摄）。

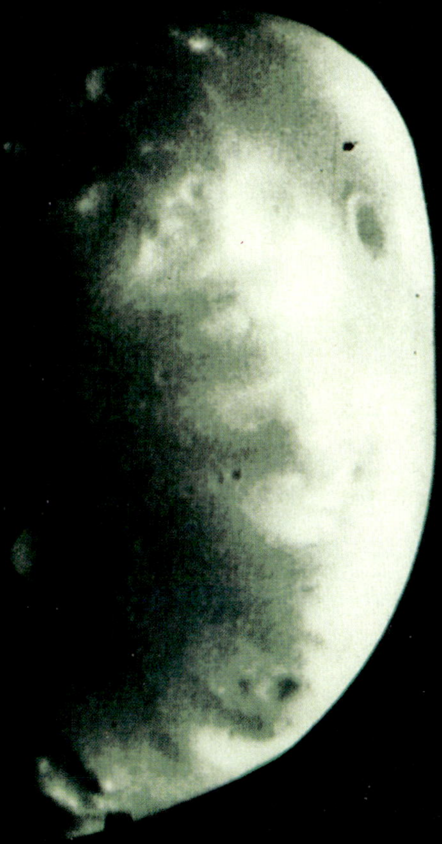

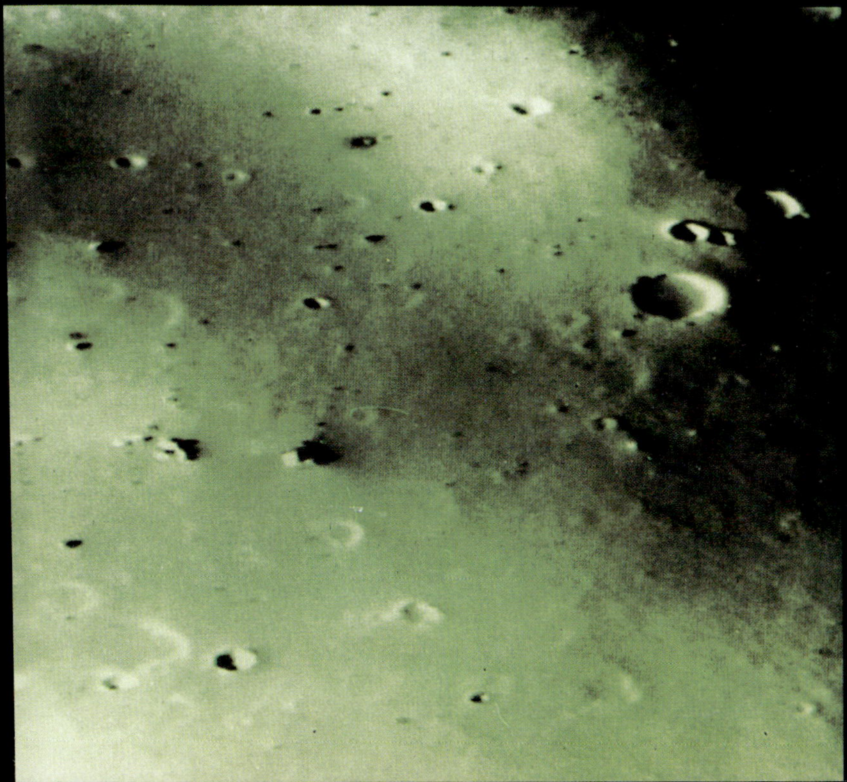

左：火卫二上的小环形山（"海盗号"拍摄）。

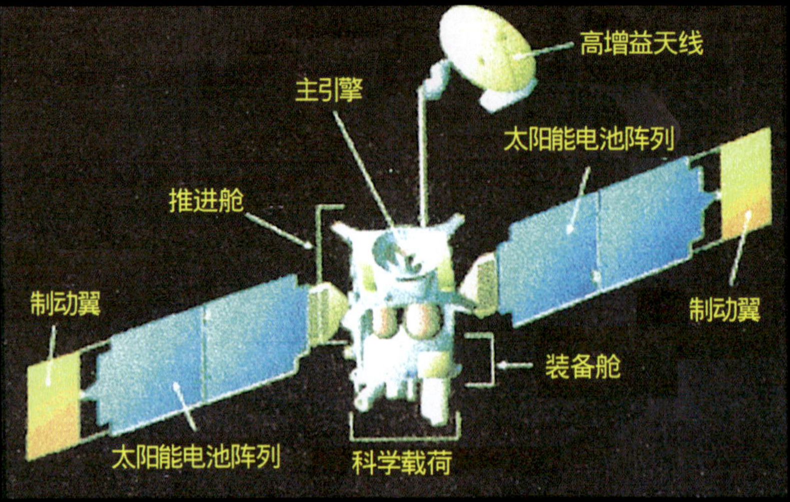

左：火星全球“测量者号”，计划完成整个火星表面的细节绘制。

右：夜之迷宫。火星“全球测量者号”拍摄于1997年9月19日，当时距其370英里。

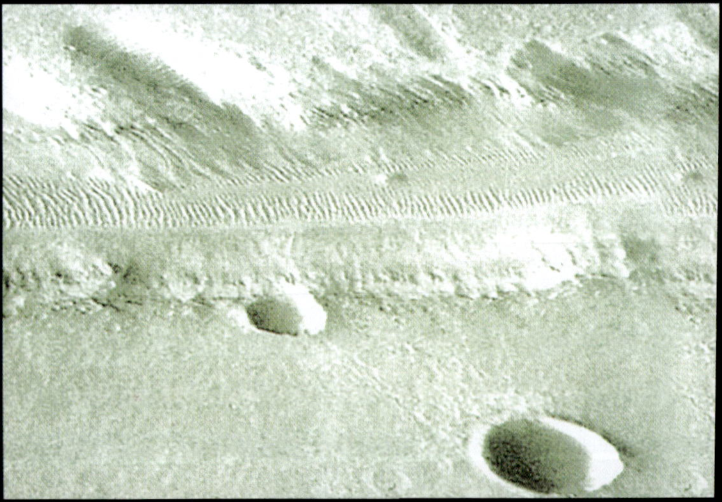

左：第一个向火星发射的日本空间探测器，“行星B”（现在更名为“希望号”），于1998年7月3日发射升空，当这本书的英文版出版的时候，它还在去往火星的旅途中。此插图的使用得到日本空间与天文学会的许可。

左：“漫游者号”探测车，在第 30 个火星日（在火星上的第 30 天）仍然可以使用。

左中：火星上的两块岩石“藤壶比尔”和“瑜珈”以及“漫游者号”探测车。两块岩石的成分是不相同的。

下：战神谷的日落。黑暗已经降临到古老的冲击平原，但是由于大气尘埃的存在，天空依然会呈现粉红色，并持续几个小时。地平线方向可以看到双峰。

上：“海盗 1 号” 拍摄的火卫一。左下方是火卫一上最大的撞击坑斯蒂克妮。

右：火卫一上的坑谷和小型撞击坑（“海盗号” 拍摄）。

原版导读

火星——离太阳第四远的岩态行星，直径4217英里，质量是地球的十分之一，有两个微小的卫星：火卫一和火卫二——是人类在宇宙空间的下一个定居地。第一次在火星登陆的探测器是1976年7月的“海盗1号”，这次探测得到了火星地表的高质量图片，开启了一个对火星探索热情空前高涨的时代。最近，火星“探路者号”于1997年7月登陆火星，成功地释放了其携带的火星车“漫游者号”，进行对火星的探索工作。“火星全球测量者号”在接下来的9月份抵达了火星轨道，开始为期两年的对火星全球测量和绘制地图的行动。未来的探测行动还将陆续展开，人类将在20年之内踏足火星。然而，人类究竟要去寻找什么呢？

帕特里克·摩尔，在恒星与行星的领域是为大众所熟知的专家，向我们展示了火星的整个故事，从早期的神话到现在正在进行的探索。本书讲述的是火星的真实面目：它在太阳系中的位置，它的结构、表面、山脉、火山、撞击坑、极冠、大气和天气。目前我们所知道的关于火星的一切都以细致、迷人，绘声绘色的文字在本书中表现出来。帕特里克·摩尔以他独特的充满激情的风格，着力讲述了一个激动人心的科学探索故事。旧理论和新理论都得到了展示，并在上下文中找到了合适的位置。火星生命的可能性，无论生命是存在于过去或是现在，正在最新的证据下得到谨慎的揭示。展望火星探索的前景，帕特里克·摩尔指出，尽管经过许多世纪的天文学研究和思索，我们对火星的了解仍还只是刚刚开始。

CONTENTS 目录

CONTENTS

译者序

帕特里克·摩尔是英国天文学家，著有60余本天文科普著作。他生于1923年，刚刚度过自己的八十大寿，而祝寿的方式是举办个人第5次关于火星的全国巡回演讲。对一个八十高龄的老人而言，摩尔对天文科普工作的热情令人赞叹，而更加令人激赏的是他讲述所有这些天文学常识的方式——幽默、生动、深入浅出，令读者和听众如沐春风，毫无枯燥的感觉。由于在这一领域做出的贡献，摩尔于2001年获得了女王授勋。同年，他又因为其制作的BBC电视节目《夜空》（The Sky at Night）成为了皇家学会荣誉会员。《夜空》从1957年4月开始播放，每月一集，讲述当月的星空，至今已播出了600集，而摩尔仍没有退出这一节目的打算。他的一生都与天文学科普息息相关。

本书写于1998年，书中所提到的一些计划中的飞行器目前已经升空。地球人类关于火星的资讯正在不断的增长当中。与众多星辰相比，火星这颗行星自始至终都吸引了人们最多的注意，而它的表面是否有或曾经有生命形式存在，至今仍是未解的谜团。

以下对1998年之后升空的主要探测器做一简单的说明:

日本的“希望号”（Nozomi）探测器于1998年升空，正文中对这个探测器有所介绍。“希望号”原计划于1999年10月到达火星，但由于燃料和供电系统接连发生故障，被迫推迟到2003年12月到达。2003年6月，为了节省能源，探测器在地面遥控下借地球重力变轨飞行，却进入了将与火星碰撞的轨道。虽然在2003年12月，日本宇宙航空研究开发机构（JAXA）成功地改变了“希望号”的行进路线，使其进入不会撞击火星的高离心率绕日轨道，但“希望号”将离火星越来越远，这次行动实际上已经失败。

NASA的“火星奥德赛”（Mars Odyssey）于2001年4月9日发射，同年10月25日进入环绕火星的轨道。2002年3月，其携带的伽马射线光谱仪在火星南极面积约800平方千米的区域发现了大量的氢元素，这意味着在这一区域存在大量的水冰。

以欧空局和意大利宇航局为主、NASA参与的火星快车（Mars Express）于2003年6月2日发射，预计将于2003年圣诞节抵达火星，其携带的登陆器“猎兔犬2号”（Beagle 2）也将于这一天实施登陆。“猎兔犬2号”背负的主要任务仍然是对火星上的水和生命痕迹进行考察。火星快车已经向地球发送回了火星的远距离照片，但遗憾的是，“猎兔犬2号”却在登陆火星过程中失踪。

2004年3月中旬传来消息，通过对欧洲在今年早些时候发射的“火星快车”探测器发回的大量信息进行分析，天体物理学家在火星的南极发现了大量的冻结水。这一发现结果已发表在3月18日出版的《自然》杂志上。

这些信息是由“火星快车”的成像分光计发回的。该仪器借助从太阳反射的光谱，可以探测到行星地表或大气的成分。一个由法国人牵头的研究小组声称，他们在火星南极已经发现三种形式的冻结水。

第一种形式是混合了大量冻结的二氧化碳的水冰，地点是在火星极冠的一个大亮点上。极冠的边缘随着火星夏季或冬季的更替发生变化，夏季来临，边缘收缩，冬季来临，边缘扩大。但这个大亮点地区的冰里面究竟有多少是水，多少是二氧化碳，目前科学家们并不清楚。据科学家估计，水量可能在15%左右。

第二种形式是冰的堆积物，覆盖在极冠周围地区高低不平的悬崖上，这些堆积物里面似乎没有二氧化碳。

但最令人激动的发现是在距离极冠更远的地方有大量的冰的堆积物，似乎是由水或尘土混合而成的。这些堆积物分布在极冠亮点数十千米以外的地区，大多分布在层次分明的斜坡上。

经激光高度计探测发现，极冠的厚度大约在1千米到3千米厚，直径大约400千米。好消息是，那个亮点大都是二氧化碳（干冰），而且只占极冠的很小一部分，而且相对来说只是薄薄的一层，估计只有几米厚。果真如此的话，这意味着极冠的其他部分都是由尘土和水冰构成的，说明火星上有大量的水。

长期以来，科学家便认为，火星的北极主要由水冰构成，而且他们怀疑南极可能有冰结水的存在，这些水可能混杂着干冰，但在“火星快车”于1月23日首次发回重要数据之前，他们一直没有找到确凿的证据。火星发现了冰结水，这意味着只要温度适宜而且有空气的话，过去那里可能出现过生命。

“勇气号”和“机遇号”先后于2003年6月10日和6月25日发射，已于2004年1月3日晚和1月24日下午成功登陆火星。它们是迄今美国发射的最尖端的火星探测装置，其任务也主要是寻找火星上的水源。2003年6月在地球人类的火星探测史上无疑是一个特殊的月份，共有三颗探测器升空。

据新华社华盛顿2004年4月26日电：美国时间26日，“机遇号”干完了第90个火星日的活，步“勇气号”后尘，一举通过所有“考核”。至此，美国宇航局的孪生火星车探测计划正式宣告取得圆满成功。

这两辆火星车在火星的不同区域着陆，并分别在着陆区域附近找到了火星上曾有水存在的证据。此外，美国东部时间4月17日下午，安装了升级版电脑软件的美国“机遇号”火星车在火星上跑完一个马拉松式的长途，轻松驶出140米多，创下人类发射的火星车迄今在火星上单日行车距离的新纪录。

美国宇航局科学家和工程师事先设立了一系列硬指标，作为判定两辆火星车联合探测计划是否成功的依据。按照规定，每辆火星车都需要至少工作90个火星日（约相当于地球上的92天），在火星上行驶总里程至少达到600米，至少造访8个不同地点，必须拍下周围环境的立体和彩色全景照片。另外，两辆火星车还需至少在60天中同时处于工作状态。

对美国宇航局来说，孪生火星车双双“达标”是意料之中的事。宇航局4月初已正式批准将“勇气号”和“机遇号”的探测使命延长至9月中旬，并决定在原来8.2亿美元预算基础上再追加投入1 500万美元。

NASA还计划在2005年和2007年继续发射针对火星的飞行器。受到“火星奥德赛”发现大量水冰这一事实的鼓舞，目前全球探索火星的热情空前高涨。NASA负责人丹尼尔·戈尔丁做出了乐观的预测，认为未来20年之内，人类的足迹将可以踏上火星。

由于本书内容涉及了火星表面地形命名法的由来和所使

用的典故，为了保持行文的一致性，书中提到的火星地名均尽量采取意译。鉴于迄今为止全国天文学名词审定委员会尚未发行有关火星表面地形名称的试行本，在多方请教专家的基础上，我们决定不对译作插图中的火星地名进行翻译。出于行文方便的考虑，译作中已有的译名只是一种探索性的翻译尝试，仅供进一步的翻译者参考。译者才疏学浅，在书中出现的错漏在所难免，恳请各位有识者指正。李竟、李元和南仁东先生为本书的翻译工作提供了保贵建议和大力支持，尹传红先生对火星研究新进展的材料予以补充，在此表示衷心的感谢。

译　者

2004年4月

原 版 序

当我于1955年写下自己的第一部书《火星旅行指南》时，我们关于这颗红色星球的理念与现在是大不相同的。我们当时相信那些黑暗的区域是因植物而形成的，甚至所谓的“运河”也有事实作基础，虽然火星智慧生物的论调已经过时。

今天我们已经发现，火星是一个充满了火山、峡谷和撞击坑的世界；我们还不清楚那里是否存在生命的痕迹，虽然可以确认，并不存在高级的生命。空间飞船已经到达过那里，传回了表面的图像；当我写下这些字句的时候，一个探测器正在环绕这颗行星飞行，另一个则正处于去往火星的跋涉之中。

我的《指南》最后一版是在20多年前推出的，所以这是一本全新的书：只有一些关于历史的章节被沿用了。毫无疑问，在不久的将来这本书也会过时，但无论如何我希望它对于读者是有趣的。

我要向彼得 · 卡特莫博士（Dr. Peter Cattermole）致以崇高的谢意，他校对了部分手稿；感谢喷气推进实验室和NASA的权威们允许我使用空间探测器发回的图片；感谢卡塞尔出版社的巴里 · 霍尔姆斯（Barry Holmes）多年来的帮助和鼓励；感谢罗杰 · 切斯纽（Roger Chesneau）在校对上的大力帮助。

帕特里克 · 摩尔

1998年9月于塞尔锡（Selsey）

第一章　红色的世界

火星的居民是某种奇怪的生物，他们的样子对我们而言，既顺理成章又不可思议。

此言出自美国天文学家佩西华·洛维尔（Percival Lowell）1906年出版的《火星及其运河》一书。他描述了一个极其缺水的火星世界，生活在这个世界里的居民拥有高度发达的文明，建立了遍布整个星球的灌溉系统，以便将极冠宝贵的水资源经由温带地区输送到赤道附近。他的观点即使在那个时代也令人议论纷纷，但如果考虑到所有可能性，那么就没有有力的理由表明：火星上不可能存在高度进化的生命形态。

这一点我们现在知道得更为清楚。火星人并不存在，“火星的运河网”也已经被驱逐到了神话的领域，但我们仍旧无法确定那里是否有生命存在。与太阳系中任何其他行星相比，火星与地球更为相似。况且，它在我们所能够探索的范围之内。无人乘坐的宇宙飞船已经登陆这个数百万英里之外的星球，并在遥控指挥下探索了它的表面；而另外一个全方位的远征计划也已在进行之中。未来第一个登陆火星的地球人很可能已经出生。

我自己对火星的观测可以回溯到1934年，当时我只有11

岁，刚刚索求到自己的第一台望远镜（一台3英寸口径的折射望远镜，我至今仍然保存并使用着）。我被这小小的红色圆盘以及它上面的黑暗斑点和白色极冠迷住了。像大多数其他人一样，我相信火星是一个有生命的世界，是植物使那些部分变得黑暗。30年之后，我们可以证明那些“植物地带”与洛维尔的运河一样只是假象，它们其实是巨大的撞击坑、幽深的峡谷、古老的河床、平缓的冲积平原以及巨大的火山。除了运河的开凿者不复存在以外，火星仍然同过去任何时候一样令人神往。

我记得20世纪60年代早期自己曾在伦敦大学做过一个关于火星的演讲。我给出了大量的积极的论述，所有论述都有非常可信的证据支持——所有论述都在最后被证明是错误的。火星世界并非我们在空间时代以前所想像的那样。我写本书的目的就是对这个星球做出简明的、合乎时代的描述。虽然可能会在某些细节上犯错误，但我还是坚信自己在这一领域的知识要比大约40年前更为广博。首先，让我给出一些事实和图像，以便使火星能够被安放在太阳系中适当的位置。

众所周知，地球是一颗以9 300万英里的平均距离绕太阳运行、公转周期为一年的行星。而太阳是一颗普通的恒星，所有在晴朗夜晚可以看到的闪烁的星星也都和太阳一样，只不过其中很大一部分要比我们的太阳更大、更热、更亮。它们之所以看上去如此微弱、黯淡，仅仅是因为它们距离我们非常遥远。除太阳外，距离我们最近的恒星——一颗叫做“比邻星”的暗淡的红矮星——离我们也超过2.4万亿英里。面对这样大的距离，英里和千米这种单位就显得太小而不够方便，于是我们便使用光年这个单位，即光在一年中通过的距离。一光年约等于6 000亿英里。比邻星同我们的距离是4光年多一点。而大多数的恒星要远得多，比如北极星距离地球680光年，因此我们现在看到的北极星是它在十字军东征时代的样子。天鹅座最亮的恒星天津四与我们的距离更为遥远，我们现在看到的，其实是它在罗马人占领不列颠时期的样子。当我们考虑其他恒星系统时，我们必须面对几百万、几亿，甚至几十亿光年的距离。一旦我们的目光不再局限于自身所处的这个小小的区域，我们对宇宙的观察就注定在时间上大大滞后，只能看到事物过去的状态。

在太阳系之内，情况则有所不同。这个天体系统由太阳主宰，主要的成员是九大行星：水星和金星比地球离太阳更近，火星、木星、土星、天王星、海王星和冥王星则离太阳更远。太阳本身是一个巨大的炽热气体球，其体积可以吞下100万个地球。它的直径大约是86.5万英里，由于内部的核反应而发光。行星本身并不发光，它们发亮只是因为反射了太阳光。同样的情况也发生在月球身上，它是地球的卫星，和 11
地球一起绕太阳运转。月亮离我们仅有23.9万英里，是离地球最近的自然天体。光只需要不到2秒的时间就能从地球到达月球，从太阳到我们这里却需要8.6分钟，最远的行星冥王星离我们则有大约5个“光小时”。

提到宇宙飞船，就不得不承认我们被局限于太阳系之内。是的，有一些探测器已经飞越了外行星，正要永远地离开太阳系，但我们要想在几年之后还与这些探测器保持联系，则连最微小的几率都不存在。如果我们要到达其他的行星系统——这样的系统肯定是存在的——就必须通过某种远远超过我们现有能力的手段，这样的技术目前还是超乎人类的想像的。我们离电视节目里克努特大王所做的那种星际旅行，可能还非常遥远。

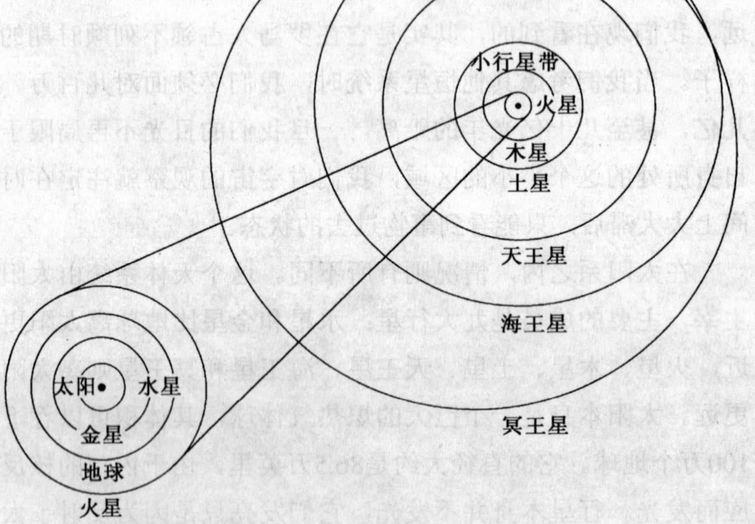

图 1.1　行星轨道

我总是被问到这样一个问题：“在可探测的范围内找到智慧生命的几率有多大？”考虑到太阳系的情况，恐怕答案
12 必定是“无”。确定这一点可能有助于对其他行星展开闪电式的调查，在这样的调查之后，人们的目光将再次回到火星上来。

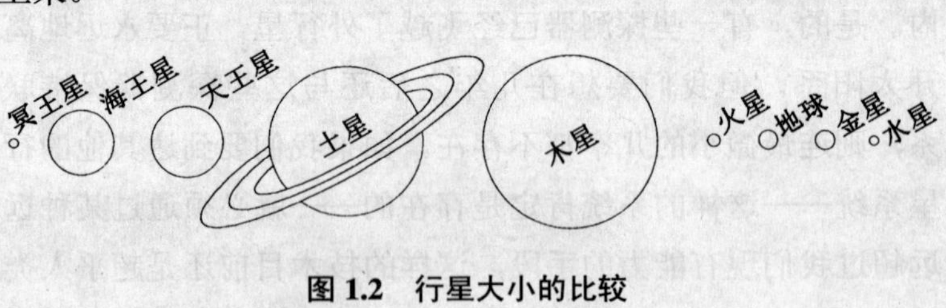

图 1.2　行星大小的比较

按照离太阳由近到远的顺序，我们首先访问直径仅有3 000余英里、公转周期也只有88天的水星。它在夜空中毫不起眼，只有当日出或日落的时候在地平线附近才能用肉眼看到。火箭探测器“水手10号”曾经从它身边飞过，并发回了一系列水星表面的图片，图片中显示的水星地表布满撞击坑，与月球的表面有几分相似。水星几乎没有大气，其表面温度相当极端，作为未来殖民地的候选星球，可以放心地令它出局。

金星则完全不同。它的大小与地球相近，距离太阳6 700万英里，轨道周期为225个地球日。我们可能会怀有期待，顺理成章地认为它适合人类居住，但在空间时代来临之前，我们对这颗行星知之甚少，因为它总是包裹在我们的望远镜所无法穿透的浓密的大气云层里。曾经有人认为，金星的表面存在大面积海洋，看上去并没有明显的证据表明没有生命从那里起源，就像几十亿年前在地球表面温暖的海洋中所发生的情况那样。

空间考察证明事实并非如此。最初的探测器发现金星表面温度过高，水无法以任何形态存在。雷达图像显示了那里的撞击坑。1975年俄国人获得了显著的成功，实现了两个探测器在金星上的软着陆，得到了第一张直接来自金星表面的图片。在1990—1994年间，美国的宇宙飞船“麦哲伦号”装载着雷达围绕金星飞行，绘出了整个行星表面的地图，显示出了上面的平原、峡谷、高地、熔岩形成的高原以及几乎肯定仍在活动的火山。金星的环境对人类并不友善，它只是一个会使人产生幻觉的星球。金星的大气成分主要是二氧化碳，云层则富含硫酸，表面的大气压力约为地球海平面大气压力的90倍，温度超过900华氏度。任何人胆敢在金星上走 13

出宇宙飞船，都会立即被烤干、毒杀、挤扁并腐蚀。这并不是一幅诱人的景色，是否有宇航员会在这种可预期的前景下试图登陆金星，对此我深表怀疑。

在这个行星序列中的第三个成员是地球，伴随它的就是月球。我不打算在这里就月球讲太多，但也不能完全忽略它，因为不可避免地要将它与火星进行比较。毕竟两者都有曾被撞击的表面，也同时具有高耸的山脉和幽深的峡谷。但这两个世界在许多重要的方面并不相同，我们的比较也不可能非常深入。

月球离我们的平均距离是23.9万英里，轨道周期为27.3天，它的直径（2 160英里）略大于地球直径的四分之一。我觉得与其把地月系统看做是行星和卫星的组合，倒不如认为它们是一个双行星系统。但月球的质量只有地球的1/81，它的引力太弱，不足以保留可测量的大气。现在已经毫无疑问，月球在它漫长的历史中始终是一块不毛之地。

月球的表面布满了被称为环形山的围墙状结构，某些环形山的直径超过100英里，并拥有高耸的中央山峰。现在大多数天文学家相信，它们是由于陨石的撞击而形成的。在历史上曾有一段时期，月球受到密集的撞击，从那之后，月面的低地部分被涌出的熔岩从地壳下开始全部填满。“海”这个名称是相当显眼的，但“海”里从来不曾有过水。撞击环形山只是一种假说，不过我们在地球上也有一些很好的例子。比如著名的亚利桑那撞击坑，还有较小但具有同样价值的、位于澳大利亚的沃尔夫–克里克撞击坑。火星表面也有大量撞击形成的结构，这颗巨大的外行星的两颗寒冷的卫星也不例外。

月球的自转周期是27.3天，恰好与它完成一周公转的时间相同，所以月球总是以同一面朝向我们。在1959年俄国人发射他们的无人探测器“月神3号”做环绕月球的飞行之前，我们对月球背面的半球并没有任何直接的知识，但是可以预料，另一个半球跟我们一直以来非常了解的月球正面的边缘部分一样，曾经受到过猛烈的撞击，因而布满崎岖的山地，一片荒芜。在透视作用下，月球正面的“边缘”变形得很厉害，只有利用空间探测器才能正确地绘出月面地图。另外，某些靠近月球两极的环形山极深，其底部阳 14
光根本照射不到。

美国的“阿波罗计划”开始于20世纪60年代。1969年7月，尼尔·阿姆斯特朗（Neil Armstrong）和巴兹·奥尔德林（Buzz Aldrin）成功地在没有水的静海登陆。阿姆斯特朗的“一小步”的确是人类历史的一个重要的转折点：地球与月球这两个世界之间的鸿沟终于架起了桥梁。1972年“阿波罗计划”终止，这一系列的最后一艘飞船是“阿波罗17号”，但后来仍陆续发射了一些无人探测器。最近的一个无人探测器“月球勘探者号”于1998年1月进入环绕月球的封闭轨道，开始绘制月面地图并进行分析的长期计划。有关方面声明，“月球勘探者号”确认了较早的无人探测器“克里门汀号”发回的一个报告，该报告指出：在月球两极附近一些较深的撞击坑中存在水冰，这些撞击坑的底部一直非常寒冷。我承认我对此深表怀疑，但我们必须等待未来的考察结果。

最初人们认为，地球和月球曾经是一体的，由于自转轴的剧烈变化导致部分物质被抛出，从而形成月球。这个理论最先由G·H·达尔文（G.H.Darwin，伟大的博物学家达尔文之子）提出，流行了许多年，直到数学家们开始抨击并在某种程度上摧毁了这一学说。现在被广泛接受的理论是：这两个天体在太阳系早期的确曾是一体的，后来遭受到一个大质量天体的撞击，撞出的残骸形成了月球。当然，地球与月球的年龄几乎相同——46亿年[1]——而无疑火星的年龄也是如此。地球、火星和月球在演化过程中的差异，是由于它们的质量不同导致的。尤其突出的是：地球保存了浓密的大气，火星大气稀薄，而月球完全没有大气。

火星在内行星或者岩态行星中都是最靠外的一个，所有的内行星或者岩态行星都是大小适中、具有固态的球体。在火星轨道之外我们接触到的是小行星，直径小于600英里，都不拥有可探测的大气，其中只有一颗（灶神星）肉眼可见。关于它们是某颗行星碎裂后的碎片的理论已经不再流行，现在看来，由于木星引力的影响，在太阳系的这个区域内大概不可能形成大行星。数以千计的小行星的轨道已被计算出来，而整群小行星的成员数目可能有5万之多。在这里提及小行星，是因为它们与火星的两颗卫星——佛伯斯和德莫斯非常相似。后两者体积很小，曾经是小行星，在很久以前被火星捕获。这一推测的正面证据相当缺乏，但理论上确实非常合理。与我们的大质量的月球相比，佛伯斯和德莫斯在物理性质上显然非常不同。注意到以下这一点也是很有价值的：5261号小行星尤里卡，虽然谨慎地与火星保持相当大的距离，没有丝毫被捕获的危险，但运转的轨道却与这颗大行星完全相同（由于它的直径不到两英里，在火星上的星空中毫不起眼。）

---

① 我总是避免使用billion这个词，因为billion在英式英语和美式英语中的意义不一样。——原注

主要的小行星带之外，是巨行星的领地。以平均距离4.83亿英里围绕太阳运行的木星，直径为8.9万英里，质量比地球大300多倍。不过它的密度相对较低——只有水的1.3倍——结构也与那些岩态行星大不相同。它的中心是一个硅酸盐的核，周围是一层层的液态氢，密度由内而外逐层降低，最外层是我们能看到的多云的“大气”。木星有一整族的卫星，其中4颗足够明亮，用任何小望远镜都能看到，这其中有3颗大于我们的月球。

离太阳平均距离为8.86亿英里的土星也是一颗气体巨行星，因其显著的环系统而与众不同。这个环系统由围绕土星运行的冰块组成，像是一个个微型的卫星。土星的一颗名叫泰坦的卫星比水星还要大，虽然在那里存在生命的几率极小，但它却拥有浓密的、主要由氮气组成的大气。再往外是天王星和海王星，这两颗巨大的“冰块行星”同样拥有多云的大气。如果你知道具体位置的话，天王星刚好可以用肉眼看见，但海王星则要暗淡得多。

许多无人宇宙飞船都经过了这两颗巨行星。发射于1977年的“旅行者2号”，在它的“庄严之旅”中遭遇了木星（1979）、土星（1981）、天王星（1986），最后是海王星（1989）。在那之后，它开始了永无止境的远离太阳系的旅行。我们获得了所有这些巨行星以及它们的大多数卫星的高品质照片。

冥王星于1930年被克莱德·汤博（Clyde Tombaugh）发现，它不是一颗巨行星，实际上它比月球还小，也小于其他某些行星的卫星。它有令人好奇的椭圆形轨道，与一个第二天体查龙为伴，后者的半径超过冥王星的一半。

毋庸讳言，冥王星是一个谜。它似乎并不符合整个太阳 16
系的模式，也够不上真正行星的资格。在最近的几年间，为数不多的小天体在这个太阳系外部的区域被发现，冥王星可能仅仅是这个外部小行星群中最亮的一个成员。

彗星是太阳系中最为奇特的成员，它们并不像某些时候看起来那么重要。彗星基本上是一个“脏雪球”，直径几英里，最多几十英里。向太阳飞行的时候冰会升华，于是出现尘埃状的彗头或彗发，有时还有一条或一条以上的彗尾。有许多很小的短周期彗星围绕太阳运行，通常它们都具有高度偏心的轨道。真正的大彗星来自空间深处，这些大彗星常常令我们十分惊奇。最近的一位明亮的访客是1997年的海尔－波普彗星，它在我们的夜空中闪耀了几个月之久。不幸的是，这颗彗星在两千年之内都不会回来，而在这些明亮的彗星中只有一颗（哈雷彗星）具有可以接受的较短周期。它的上一次回归是在1986年，2061年哈雷彗星还将与我们重逢。不过我们随时可能看到其他真正壮观的彗星。某些彗星，比如1882年的大彗星，据说可以照出影子。

彗星运行时，会在身后留下尘埃的痕迹。如果地球经过这些痕迹，尘埃粒子就会冲进地球高处大气，摩擦生热并燃烧起来，在天空中画出明亮的轨迹，这就是我们所说的流星。许多流星雨每年都会发生。也有“偶发的”流星，可能在任何时间出现在任何方向。流星大约在离地面40英里的高空燃烧，这里的空气非常稀薄。无疑流星也会在火星的上层大气中燃烧。

我承认这只是对太阳系的一个简略的描述，但至少这有助于为我们的主要目标构建好背景。此时此刻，对1900年2月7日在巴黎设立的古兹曼奖进行一番回顾是颇为有趣的（同时也具有教育意义）。这一奖金相当可观——10万法郎——奖给与地外生命取得联系的第一人。但有关条款却将火星视为例外，因为那时人们认为与火星人接触实在太容易了！

古兹曼奖仍然只是悬赏，而且，哈，并没有火星人。幸运的是，人们对这颗红色星球的兴趣并未减少。对人类而言，没有任何其他的世界比火星更能激发我们探索的好奇心。

17

第二章　太阳系中的火星

曾经有人认为，行星必须在圆形的轨道上运行。因为圆一直被人认为是一种完美的形式，但是谁又能肯定上帝没有提供另外一种更加完美的形式呢？虽然这看上去不是一种解决问题的科学方法，但在过去久远的年代里，它已经在人们的心中牢牢地扎下了根。

我并不想深入地研究历史，但是既然火星如此多地被谈及，我不得不暂时偏离一下本书的主题。经典时代最后一位伟大的天文学家托勒密（Ptolemy）始终坚信这样一种观点：地球永远安静地停留在宇宙的中心，而其他的一切都只能围绕在它周围日夜不停地运转，其中包括月亮、太阳、行星以及位于宇宙边缘镶满恒星的宇宙天。托勒密同时又是一位出色的数学家，他很清楚，行星并不是以固定的速度在天空中穿行的，于是他又提出了一种繁杂的观点：所有的行星都在一个圆形或者椭圆形的轨道上运行，而这个轨道的中心又沿着另外一个以地球为中心的更大的圆形轨道运转。虽然这听起来不可信，但是却能够很好地同托勒密所了解的宇宙相吻合。这就是被大家所熟知的托勒密系统，然而这个系统最初并不是由托勒密发明的，他只是把这个系统的精度提升到了一个很高的程度。

托勒密死于公元180年左右，在随后的几个世纪里，几乎没有人敢对他的宇宙模型提出质疑。宗教在那时几乎凌驾一切。教会极力排除任何能够动摇地球中心位置的异教观点，对教会的权威提出质疑绝对是不明智的。而就在15世纪初，一部波兰传教士的著作引发了一场实实在在的斗争。这位传教士就是大家所熟知的哥白尼（Copernicus），尽管他的本名是尼科劳斯·哥白尼克（Mikotaj Kopernik）。哥白尼反对托勒密系统，因为它过于复杂，他改进的方法是把地球从宇宙中心的位置撤走，而代之以太阳。这就意味着把地球放 18
到了普通行星的地位，其地位就本质而言并不比火星重要。

教会的暴力反应是预料之中的。哥白尼逃脱了严酷的迫害，只是因为他足够谨慎，一直拖到临终之时才将其著作交付出版。接下来的斗争更加激烈，一个叛逆者，乔尔丹诺·布鲁诺（Giordano Bruno）于1600年在罗马被执行火刑，部分原因就是因为他拒绝相信太阳围绕地球运转的理论。

这之后不久，一位名叫第谷·布拉赫（Tycho Brahe）的充满好奇心的人物进入了这个故事。他是丹麦贵族，有着不平凡的、引人注目的一生。由于篇幅所限，这里不能描述他生命中的一些细节以及关于他的许多故事——虽然我不能不想起，他在学生时代的一次决斗中鼻子被削掉，又用金、银和蜡做了一个新鼻子！他是一位卓越的观测者，1576—1596年间他在巴尔迪克岛他的天文台上工作，准备编写一部空前精确的星表。我肯定自己不需要再强调，对所有的裸眼观测者而言，恒星长期（几倍乃至几十倍于人一生的时间）保持同样的相对位置，因为它们是如此遥远，以至于它们的“自行”非常微小。回到十字军、罗马征服者乃至特洛伊战争的年代，你会发现当时的星座看起来与现在几乎完全一样。猎户座、大熊座和其他星座几乎都没有变化。它们在将来，比如说2200年，也不会有什么肉眼可以察觉的变化。只有我们的邻居——太阳系的成员——看上去在星空中徘徊。

第谷不幸没有望远镜。望远镜应用于天文学是在1609年，即第谷去世8年后。因此这个伟大的丹麦人不得不依靠一些与肉眼配合的测量装置，在这样的条件下他获得了惊人的成功。在与几乎所有人发生争执、一怒之下离开丹麦时，第谷带走了大量的观测记录。除了编制星表，他还对行星的运动做了精确的研究，尤其是火星。

第谷以神圣罗马帝国皇帝鲁道夫二世的帝国数学家身份在波希米亚安顿下来。鲁道夫二世性格阴暗，迷信占星术，其统治是一场十足的灾难。正是在波希米亚这段时期，第谷
19 有了一位助手，年轻的德国人约翰内斯·开普勒（Johannes Kepler）。在第谷于1601年溘然长逝之际，开普勒得到了他所有无价的观测资料。

这是一个伟大的机会。第谷从来不曾接受哥白尼的理论，他自己发展了一套得不到什么支持的驳杂的理论（必须补充说明一句，第谷是占星术的坚定信徒）。但开普勒相信日心说，而且由于得到了第谷的工作资料，他有信心改进这一学说。这花费了漫长的时间，正是火星提供了基本的线索。如果火星围绕太阳运行，那么地球也必然如此——但圆形轨道看来并不符合观测事实。

开普勒仍在坚持研究。一次次碰壁之后，他终于偶然发现了真相。火星的确围绕太阳运行，但它的路线不是圆形，而是在椭圆轨道上运动。一旦这个理论被建立起来，拼图就完整了。虽然最后一击还没有发出，但主要的战役结束了。第一位使用望远镜的伟大观测者伽利略（Galileo），由于拒绝接受托勒密系统而在1633年被罗马教廷审判并处刑。直到

1687年，随着艾萨克·牛顿（Isaac Newton）的《自然哲学之数学原理》的出版，整个论战才终于尘埃落定。而在论战中提供最基本证据的正是开普勒。

我之所以说开普勒“偶然发现了真相”，是因为他有时会通过领悟力得出一些他自己也并不太清楚的结论，要打破旧有的圆形轨道的概念需要极大的道德勇气。而且，第谷的观测资料以火星为主也纯粹是一种运气，因为火星的轨道比诸如金星或木星的其他行星更接近椭圆。金星其实是以相当接近圆形的轨道运行，如果火星的轨道也是这样，要发现最后的结果就会困难得多。另一方面，我们决不能因此看轻开普勒。他对第谷的观测资料极其忠实，如果他对这些资料的信心稍有不足，他就会不可避免地走向失败。

实际上，火星的轨道偏心率是0.093，而地球是0.017，金星只有0.007。这意味着火星离太阳的距离在其近日点的1亿2 841万英里和远日点的1亿5 486万英里之间不断变化——有超过2 500万英里的差距，而地球轨道的这个差距只有不到400万英里。所以，火星离太阳的平均距离是1亿4170万英里。还要注意的是，它只是离地球第二近的行星。火星最近时离

20

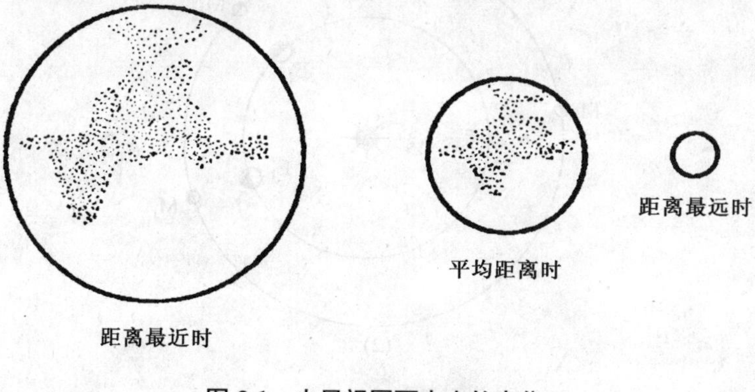

图 2.1　火星视圆面大小的变化

我们不到3 500万英里，但这比金星离我们最近时还要远1 000万英里。

在位置适当的时候，火星是全天除了太阳、月亮和金星之外最亮的天体。它在满天星辰中特别引人注目，不只是因为其亮度，还因为它明亮的红色。这种红色使古人以战神的名字为它命名。它甚至会不时引发普遍的恐慌，比如1719年，当它最为明亮的时候，许多人误以为它是一颗即将撞击地球的红色彗星。在火星最暗的时候它比北极星亮不了多少，这

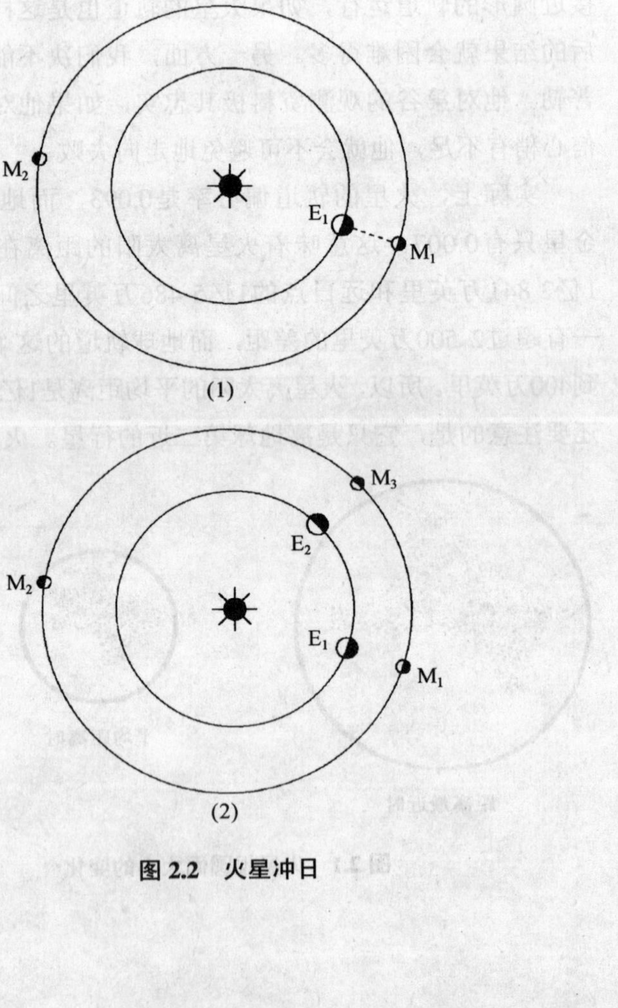

图 2.2　火星冲日

时对初学者而言它很难辨认。从地球上看，火星的视直径在25.7角秒①到3.5角秒间变化。

火星绕太阳一周需要687个地球日。显然当它与太阳位于地球异侧，亦即冲日时最为明亮，但这种冲日不会每年发生，平均的间隔——即会合周期——是780天，不过这并非严格的常数。为了显示冲日时发生的事情，让我们参考图2.2，图中按比例给出了两颗行星的轨道。

21

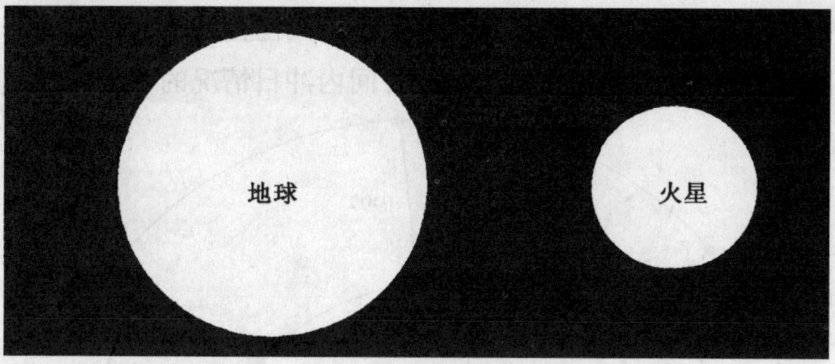

图 2.3　地球与火星的比较

从1988年9月22日开始会比较方便，因为那一天火星正
好在冲的位置（图2.2的M_1）。实际上火星那时位于近日点，
所以当时几乎是它离地球最近的时候。它明亮地闪烁着，引
人注目，而且整夜可见。一年后地球绕太阳运行了整整一周， 22
回到了它最初的位置（E_1），但火星轨道更大，绕太阳运行速度
较慢，来不及回到初始位置。它的平均轨道速度只有每秒15英
里，而地球是18.5英里。在1989年9月火星只能到达M_2的位置，
几乎正好位于太阳的背面。地球必须追赶火星，要在1990年11
月20日才能赶上，这时发生另一次冲，地球在E_2位置，火星在

① 角秒：角的一种计量单位。60角秒等于1角分，60角分等于1度，360度等于一个圆周。所以，一个圆周有1.296×10^6角秒。——译者注

M_3位置（图2.2下图）。在1990年上半年火星的位置不利于观测，使用小型望远镜几乎无法在它的视圆面上看到任何东西。

这就是冲日为什么隔一年发生一次的原因。这样，火星的冲日将发生在1999年4月、2001年6月和2003年8月，但在2000年和2002年不会发生。

而且，每次冲日的条件也不尽相同。2003年的冲日时火星位于近日点附近，视直径将达到25角秒，但在1995年冲日时，最小距离超过了6 000万英里，极大视直径不到14角秒。附录2中给出了最近和将来一段时间内冲日情况的表格。

23

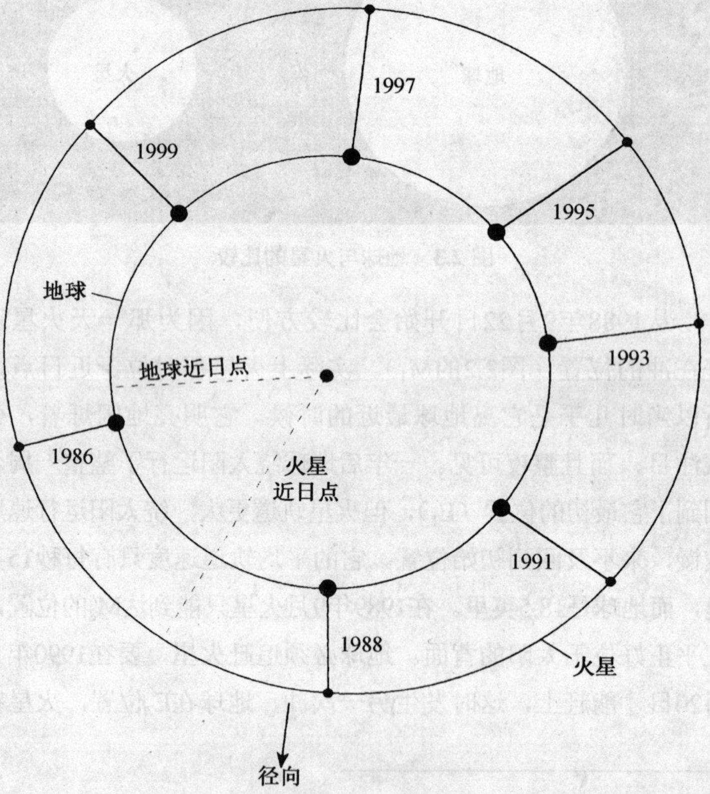

图 2.4　1986—1999 年火星的冲日位置

由于火星是通过反射太阳光发光的，所以它有位相的变化。在冲日时，被阳光照亮的一面正对着我们，火星呈现满月的形状，但在远离冲日点之后视圆面就不再呈现完整的圆形，有时明亮部分只有86%朝向我们。

地球的自转轴在垂直方向上与地球的轨道的角度是23.4度，而我首先必须提到的季节，与其说是地球公转时与太阳距离的变化造成的，不如说是地球自转轴倾斜的结果。在下一个图表中，我们在两个不同的位置看到地球。在北方的夏季，北半球向太阳的方向倾斜，在一段时间里，北极一直被太阳照射，与此同时南极就没有了白昼。6月之后，情况恰恰相反。在北方的冬天时，地球位于近日点，与太阳相隔9.1亿千米，而在6月下旬，地球与太阳相隔9.4亿千米。但是这些变化并没有明显的标志，因为任何情况下，地球南方大部分海域的情况都十分的稳定。

可火星的情况不是这样，火星上没有海洋，而且火星在近日点和远日点上与太阳的距离相差非常大。在最近的时候，火星自转轴的倾斜度与地球大致相同（23度59秒），而且同地球一样，南方的夏季出现在近地点。这就意味着，火星的南半球夏季比北半球的更短、更热，而冬季则更冷更长。就像开普勒说过的那样，当距离太阳最近时，行星运动得最快。这是太阳系中行星运动的最基本准则之一。

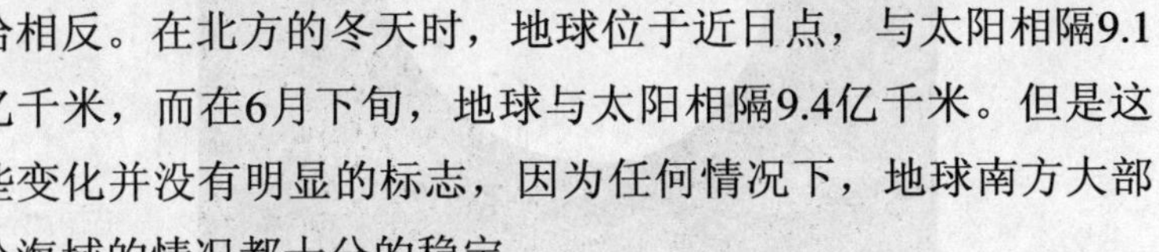

24

图 2.5　地球的季节

这一情况的影响十分深远，在后面的章节中我会反复提到。简而言之，火星南半球的季节差异比北半球更加强烈，并且这一区别非常明显。同样值得一提的是，火星在近日点冲日时，它的南极向地球的方向倾斜，所以在航天时代到来之前，火星的南半球比北半球更加容易描绘。

25

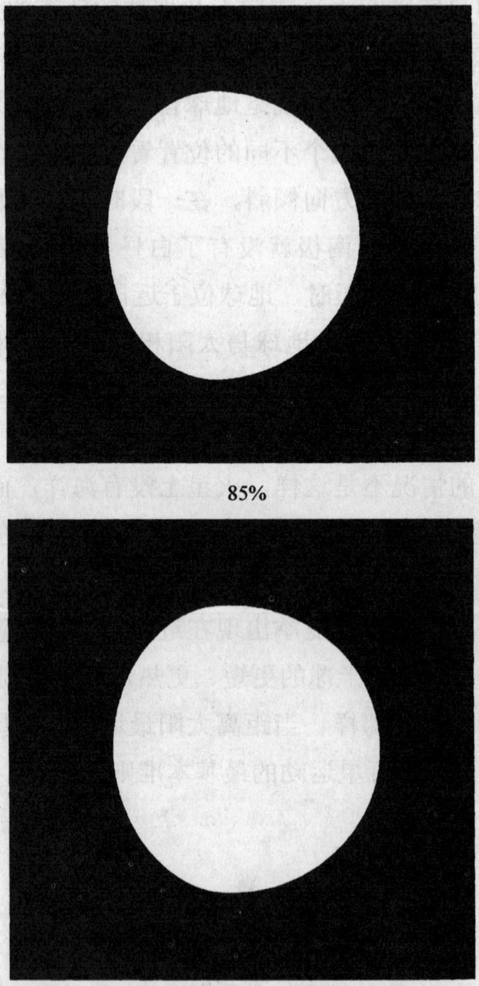

图 2.6 火星离开冲日点时显示一定的相位，这在绘制火星图时需要注意

虽然火星上的“年”如此之长，但是火星上的“日”与地球却十分相近，只是超出了半小时而已：24小时37分22.6秒，这一时间现在通常被称为“火星日”。不言而喻，一个

26

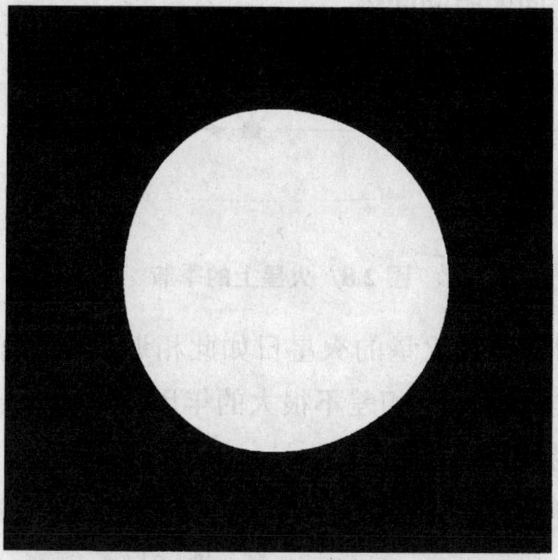

95%

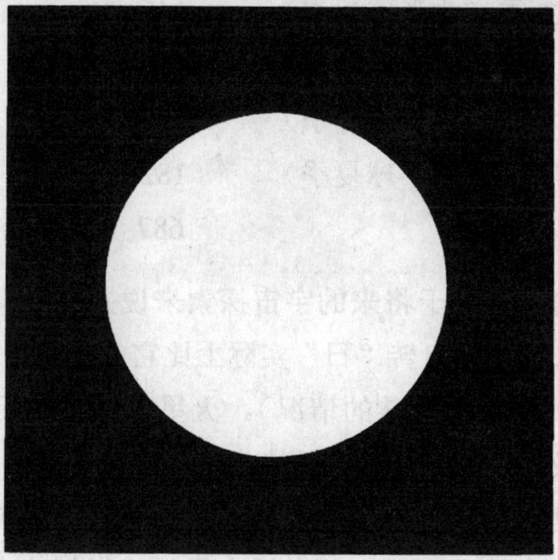

98%

图 2.7　此处给出的视圆面形状可以被复制，并用于描绘火星图

火星日代表火星一次完整的自转，在火星赤道的昼夜平分点上大约是12小时的白昼和紧跟着的12小时的黑夜。一个火星日是24小时39分35秒。这就是一位观察者看到的火星上两次太阳中天之间的时间间隔。

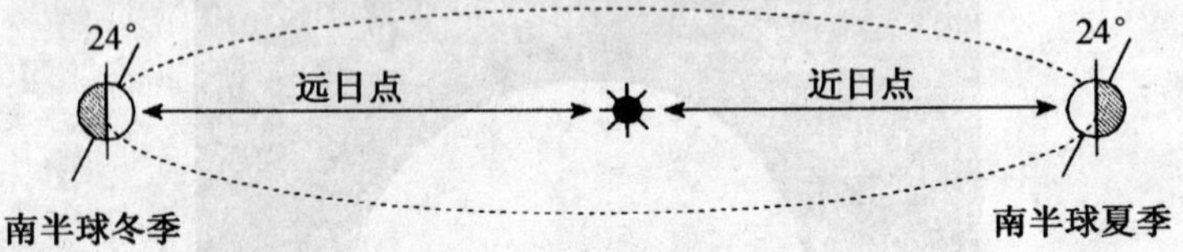

图 2.8　火星上的季节

地球的一天和火星的火星日如此相近，以至于我们可以制作一个与实际情形相差不很大的年历。比如说，季节的长度十分容易得到：

火星季节	长度	
	地球日	火星日
南半球春季（北半球秋季）	146	142
南半球夏季（北半球冬季）	160	156
南半球秋季（北半球春季）	199	194
南半球冬季（北半球夏季）	182	177
	687	669

27 时间的计算对于将来的宇宙探索来说并不是真正的问题（就水星来说，其自转“日”实际上比它的公转“年”要长，这形成了一个非常特殊的情况）。火星上的时钟可以理所当然地被分成24小时，尽管它的“小时”比地球的多出一点点。而相对应地也就计算出了火星的年历——这已经被提到过很多次。我个人的观点是，可以将火星的一年划分成18个月，每个月37个火星日。这样每年有666个火星日。理论上应该

是669个火星日，所以给6月、8月和12月每月添上1个火星日，于是这三个月就由原来的37天变成了38天。但根据地球年历来计算，火星的实际公转轨道周期不是精确的687天，而是686天零23小时52分31秒，所以最终需要一定的调整来适应这一实际情况。不过，上面的安排已经非常合理了。怎样命名这18个月仍然是一个正在讨论的问题，一旦问题需要交涉，无疑会导致国际间的口角和争执。

顺便提一句，火星的北极星与地球的不一样。地球的北极点一直近似地指向小熊星座的α星——北极星，看上去好像它固定不动而所有的天体都绕其运动（从我这样一个身处北半球的观察者的角度出发当然是这样。澳大利亚人或南非人从来都不曾看到过北极星，而且也没有比较明显的“南极星”——他们肉眼可见的最近的星体是模糊的奥克坦蒂斯-西格马（Sigma Octantis），但是如果不用双筒望远镜或者天文望远镜就很难找到）。而火星上没有这样的问题。火星的北极星是天津四，它最为显眼，可以成为将来的宇宙开发者领航的向导。这样做是完全有理由的。我们现在已知道火星上有一片带磁场的区域，但是磁力非常弱，我们期待会发挥作 28
用的老式的磁力指南针只能让我们失望。

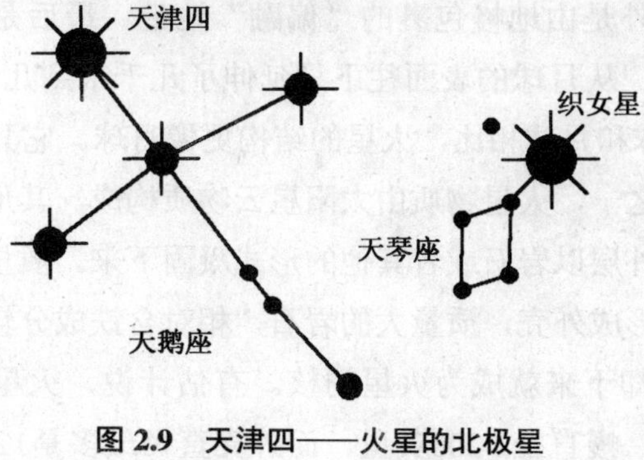

图 2.9　天津四——火星的北极星

但是，天津四的位置不是非常明确，这是因为火星自转轴的倾斜度并非一成不变。形成的原因与地球一样，是众所周知的岁差。我们的地球不是一个标准的球体——两极略扁，赤道直径比两极直径多出26英里（两极直径是7 900英里，而赤道直径是7 926英里）。太阳和月球的引力吸引着赤道的膨胀部分，也使自转轴倾斜：在2.6万多年的周期里，北天极在天上描绘出一个圆环，所以在1.2万年后，极星将是明亮的蓝色织女星而不是北极星。火星被吸引的程度远远大于地球，其赤道直径与极直径的差异大概是40千米，这表明尽管火星没有受到卫星施加的影响，但它的岁差更加显著。这其中有很多影响因素，综合起来的作用就是在5.1万地球年中，使火星的自转轴的倾斜范围在14.9度和35.2度之间变化。在今后的2.5万年中，火星北半球夏季时，处于近日点的火星将接受比远离太阳时多45%的辐射。

火星的磁场如此之弱，让我们不得不去联想，它的星球内部到底是什么样子呢？它的平均密度比地球低，它的引力只有3.94，也就是说，火星比同样体积的水“重”3.9倍。地球的引力是5.5，其原因在于地球有一个类似于铁的物质构成的实心的地核。月亮的引力只有3.4，它有一个直径360千米的核，往外是由地幔包裹的“偏融”地带，最后是相对比较薄的外壳，从月球的表面往下只延伸了几千米到几十千米。

与地球和月球相比，火星的结构更像月球。它只有地球质量的十分之一，火星物质由太阳星云物质构成，其形成过程较快。它的外层以岩石或者其他的形式凝固下来。质量较小的岩石在表面形成外壳，质量大的岩石，相对含铁成分较多，热运动之后冷却下来就成为火星的核。有估计说，火星核的直径约18英里，幔直径2 200英里，而外壳直径最多是120英里。

接下来的重要问题是表面引力。我们希望得到一个介于地球和月球的中间结果。一个星球（或卫星）的表面引力取决于它的质量和直径的共同作用：质量越大或直径越小，其表面的引力越大。直径是这其中的重要原因，因为一个物体运动时可以视为它的所有质量都集中在中心的一个点上——而更进一步说，就是你距离这个中心越远，受到的引力越小。巨星天王星便是这方面的一个典型的例子。它的赤道直径是31 770英里，质量是地球的14倍。站在天王星表面，比站在地球表面距离星球的中心要远得多，所以尽管两个星球的质量相差甚远，但是实际上这两个星球的表面引力是非常接近的。如果你在地球上称重11英石[①]，那么在天王星上你称重为

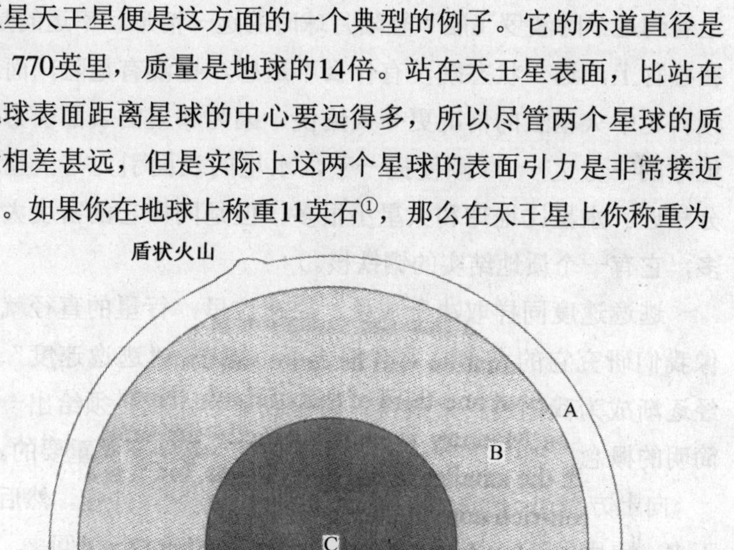

图 2.10　火星的内部结构

① 英石（stone）：英制重量单位，常用于表示体重，等于14磅；用于肉类等商品时等于8磅；用于干酪时等于16磅。——译者注

12英石多一点。（当然，我说的这种情况只是假设，因为天王星的表层是气态，不可能站在上面，但是这其中的道理是显而易见的。）

月球的引力只有地球的约六分之一，所以一个宇航员在
30 月球上的体重只有他在地球上的六分之一，以至于当他绕着任何物体行走时，都要采取缓慢的步态。大部分人都在电视上看到过“阿波罗飞船”登陆月球时的这一情形。幸运的是，在感官上，这一状态既没有什么不适感，也没有危险，而且预料之中火星上的情况更令人愉悦，因为那里的表面引力是地球的三分之一。（顺便提一下，水星的表面引力与火星十分相近。水星比地球和火星小很多，但是同样它的密度大很多，它有一个质地结实的钢铁核。）

逃逸速度同样取决于质量，而在这里，行星的直径就不像我们研究它的大小时那么重要了。现在，“逃逸速度”已经逐渐成为我们的日常语言。但是我认为，我必须给出一个简明的概念，因为在关于火星的讨论中，它是至关重要的。

向上方抛出一个物体，它会达到一个高度，停住，然后落下来。更用力地抛出，它会向上达到更高的地方，再回来。如果可能的话，在地球的表面上向上击一个板球，使它的速度达到每秒7英里或者每小时2.5万英里，那么它就再也回不到地球上了。地球的引力不能把它拉回来，于是这个板球就“逃”到了太空。因此，每秒7英里的速度就是地球的逃逸速度。但事实上，在穿越密度较大的低大气层时，任何物体如果以每秒7英里的速度前进，都会与空气分子摩擦而烧毁，这也是为什么太空炮为科幻作家们所钟爱，却违反了自然规律的原因。

月球的逃逸速度是每秒0.5英里，火星则是每秒3.1英里。（天王星的逃逸速度是大约每秒14英里。）而且这对任何已

有的大气密度有显著的影响。

地球大气是由大量的高速运动的微小分子组成的。很明显，一颗微粒有了每秒7英里的速度就可以逃离地球。还好，组成大气的微粒都达不到这个速度，所以我们不会像被拿出水缸的金鱼那样有喘不过气的危险。但月球由于吸引力很微弱，抓不住任何大气微粒，所以它对我们很不友好。可以预见到，火星的情况处于地球和月球之间。毫无疑问，它有一层稀薄的大气，虽然这层大气的密度比我们的太空探测器在火星周围测得的数据小得多。

我们断言火星和地球有着极其相似的年龄——46亿年，而且毫无疑问，它们在这期间是同步进化的。火山活动把它们下面新形成的地壳所释放的大气，以可燃气体和水蒸气的形式喷发出来，于是大量的水蒸气填满了原始海洋。在原始的大气中存在着大量的氢分子，这丝毫也不让人感到惊讶。总之，氢气

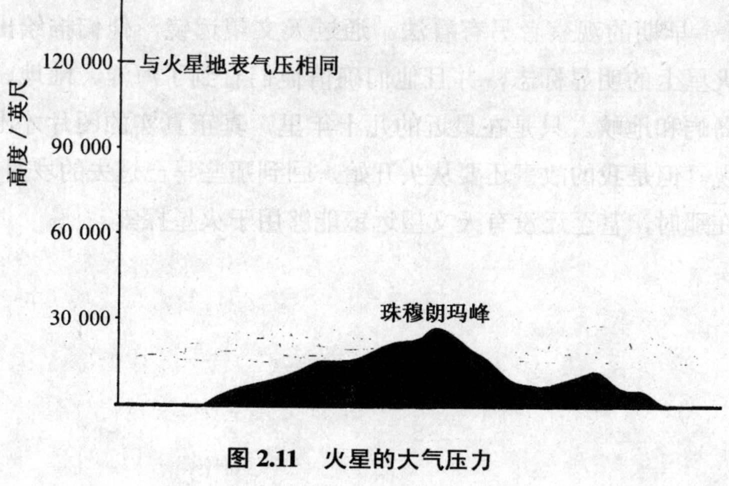

图 2.11 火星的大气压力

是整个宇宙之中最多的物质，而且氢分子的数量超过了所有的其他元素之和。

这时，地球和火星的进化过程分道扬镳了。在地球上，大气逐渐趋于稳定。有了生命，植物遍布陆地，光合作用使二氧化碳变成了游离的氧气。（这可不是一个快速的过程。即使恐龙时代的大气也不是今天这样，我们根本不能呼吸。如果有一台时间机器让我们回到侏罗纪，一定要强调那是不
32 行的。）而在火星上，大部分气体与二氧化碳分离出来后逃逸。没有任何植物，因此就不能产生氧气。海洋也消失了，于是火星就变成了今天这样的毫无生气的地方。

现在，火星大气主要是由二氧化碳组成的，与地球海平面上1 000毫巴的压力相比，火星表面的压力小于10毫巴，空气非常稀薄。这说明火星地面的空气密度与地球上距离地面15英里处的大气密度相同，就算是完全由纯氧气构成，我们也不能呼吸。由此我们可以知道火星表面没有液态的水，没有海洋、湖泊甚至池塘——尽管情况在过去是不同的，但将来可能有变化。

早期的观察者另有看法。通过天文望远镜，他们描绘出火星上的明显标志，并且他们确信他们看到了海洋、陆地、岛屿和地峡。只是在最近的几十年里，真正真实的图片才出现。但是我的故事还要从头开始，回到那些早已过去的岁月，在那时，甚至还没有天文望远镜能够用于火星探索。

第三章 眼睛和望远镜[33]

当火星处于最佳的观测位置时，任何人即使视力再差，也不会忽略它的存在。很明显，火星一定在很久之前就为人所知，而且它最早被认作是“行星”，而不是一颗恒星。

占星术，一种对星辰的迷信行为，曾经被认为是非常严肃的事情，而火星通常被认为具有邪恶的力量。（在此我们没有多少篇幅去讨论占星术，毕竟它确实很容易让人相信。对占星术我常常做如下评述：它只证明了一个科学事实，即每一分钟都有一个新的生命诞生。）但可以理解的是，我们的先祖应该很早就把火星视作邪恶的东西，因为它是那么耀眼的红。红色象征着鲜血，而鲜血则意味着战争。还有什么能比“战神”的称谓更合适的名字么？希腊神话中的战神是阿瑞斯（Ares），所以对火星的研究一直以来被正式定义为“火星学”（areography），尽管现在看来这个词学究气十足，而且我很怀疑这种定义还能有多久的生命力。“火星地理学”虽然在语法上讲不通，但这个定义比前者要清楚直观得多。

希腊人对火星的非恒星性质了解得很清楚，他们仔细地研究它的运行规律，但他们却不是这方面的先锋。很明显，埃及人把这颗星叫做“哈马基斯”（Harmarkhis）或“哈·德彻”（Har decher，也就是“红色的”），而古巴比伦人则称它为“内高尔”（Nergal）——古巴比伦的死神。对火星位置最早的精确观测可以追溯到公元272年，也就是在亚历山大大帝逝世之后差不多半个世纪。在那年的1月17日，有记载称：火星从十分靠近房宿四（即天蝎座β）的位置穿过。后来，阿拉伯人称火星是“米里克”（Mirikh），象征着火炬，而在印度，则称火星为“安加拉卡”（Angaraka），来自安加拉语，意思是燃烧的木炭。

在望远镜出现之前的时代里，对于火星自身的性质，我
们一无所知。所有真正能够做的只是观测它在星空背景上的
运动。直到望远镜登上了历史舞台，人们才很好地了解了火
34 星的运行规律。对此，毫无疑问，我们将由衷地感谢第谷·布
拉赫。一个对火星有着强烈兴趣的观测者，可以很轻松地画
出火星在夜空中穿行路线的变化频率和方向。接近冲的时
候，火星看起来好像在倒着走，或者说是在某些时候相对于
恒星背景自东向西运行，这是因为此时地球正在追赶并最终
超过它。通过插图我们可以看得很清楚。这种逆向运动被称

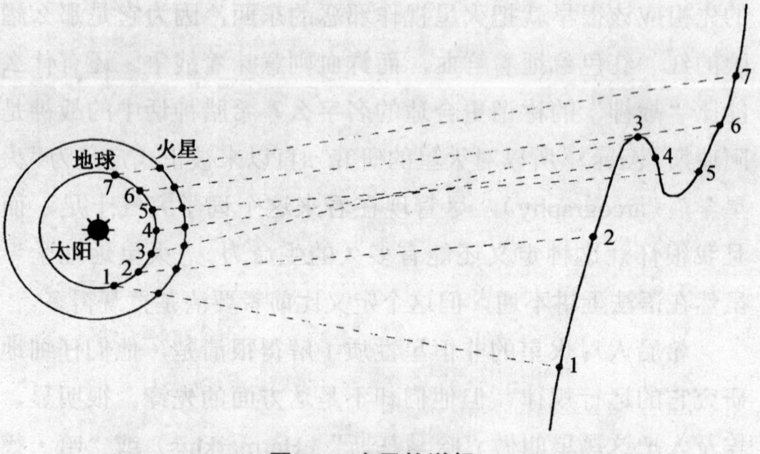

图 3.1　火星的逆行

很显然地球“超过”了火星，这颗行星将呈现与原本的运行方向相反的运动

为“逆行”。这是最初几种反映火星不是按照一个恒定的速率沿圆形轨道围绕地球运行的现象之一。

望远镜诞生于17世纪初。毋庸置疑，是荷兰眼镜师傅利普什（Lippershey）于1608年制造出了可用于观测的望远镜，而且，大多数人认可他就是制造天文望远镜的第一人，但是有些科学史学家仍然心存怀疑，他们猜测望远镜可能在更早的年代里就已经被制造出来了。对此我也很奇怪，既然眼镜已被使用了许多年，为什么望远镜原理的提出却滞后了这么长的时间？[①]华特·拉雷（Walter Raleigh）爵士从前的家庭教师、英国人托马斯·哈里奥特（Thomas Harriott）于1609年画出了望远镜中的月貌地图，他也是当时几位早期观测者中惟一这样做的人，然而最为显赫的位置当属那位伟大的意大利人——伽利略，他自制了一架望远镜，并于1609年至1610
年间的冬天开始了天文观测。很快，他就有了一系列的天文 35
发现。他的发现包括以下事实：木星被4个卫星所环绕；金星像月亮一样具有盈亏变化；月亮是一个遍布高山与环形坑的世界；土星的形状有些地方非常奇怪；而银河则是由成千上万颗星星组成的。伽利略不久就公布了他的这些发现，因为他所看到的一切坚定了他的信心，即太阳才是太阳系的中心，而不是地球。他的结论立即引发了激烈的争论。金星的盈亏变化在这一问题上尤为重要，因为按照旧的托勒密的理论，金星永远都是一弯新月，而不会出现满月或半满月现象。

有两颗行星一直困扰着伽利略。其中一颗当然就是土

---

① 英国的天文学史家C·A·罗南（C.A.Ronan）坚持认为，莱昂纳德·狄格斯（Leonard Digges）于1550年到1560年间在英格兰建造了一架古怪的望远镜。他很可能是正确的，虽然我们并没有正面的证据。——原注

星，他开始认为土星是由三个部分组成的，可是他后来发现边上的那两部分不见了。实际上，这种现象是由土星的光环造成的。通过他那粗糙的、低功率的望远镜，伽利略虽然可以看到土星的光环，但却无法看清楚，这使他很难判断看到的究竟是什么。（光环短暂失踪的现象是因为：1612年土星的光环和地球的赤道面相平行，而这种现象的产生是周期性的，最近一次出现这种现象是在1995年，下一次将会出现于2009年。）火星当然是一颗单星，可它看上去并不是很圆。1610年11月30日，伽利略在给朋友P・卡斯特雷（P.Castelli）的信中写道："我不敢断言可以看到火星的盈亏变化。然而，除非自欺欺人，我相信自己看到的火星的确不是完美的圆盘。"伽利略是对的，他能够看到火星的盈亏，就证明他是一位非常优秀的观测者。

伽利略难以看到火星表面的细节，这使我意识到有一个问题非常值得注意。火星不是一颗容易研究的天体，想了解它确实非常困难。即使处于最佳观测时机，通过小望远镜能看到的东西也实在寥寥无几。除非我们拥有一架功率相当强的望远镜，否则火星将是个难以对付的顽固家伙。

为何如此困难？一个很不错的解释就是：火星不大，而且我们宇宙探索的脚步无论如何也难以轻易到达它，因为它距离我们最近处不超过3 500万英里，这大约是地月距离的150倍。即使在这个最贴近的位置上，火星的视直径也不过只有25.7角秒，刚好可以填满月球上的一个环形山，例如柏拉图山——虽然它的直径仅仅只有60英里。不用说，我们希望对火星研究得越透彻，就需要火星越明亮。

当然，早期的望远镜观测者们并没有因此而泄气，他们
36 总是竭尽全力。第一张望远镜中的火星图，大概是由一位居

住在意大利南部港口城市那不勒斯的天文爱好者弗朗西斯科·冯塔纳（Francisco Fontana）在1636年绘制的。他自己制造的望远镜虽然比伽利略的望远镜要好得多，但是现在看来依然很简陋。尽管冯塔纳的描绘（见前页左图）很难讲有多高的科学价值，但他说的一句话还是值得一提的："火星看上去是个完美的圆，其中心有一个深色的核，非常像一颗黑色的药丸。盘面五颜六色，但是缤纷的色彩只出现于凹陷区域。除了太阳，火星是所有星星中最炙热的一颗。"两年之后，在1638年8月24日，冯塔纳画了第二幅火星图（前页右图），依然可以看到相同的"药丸"以及十分夸张的相位。

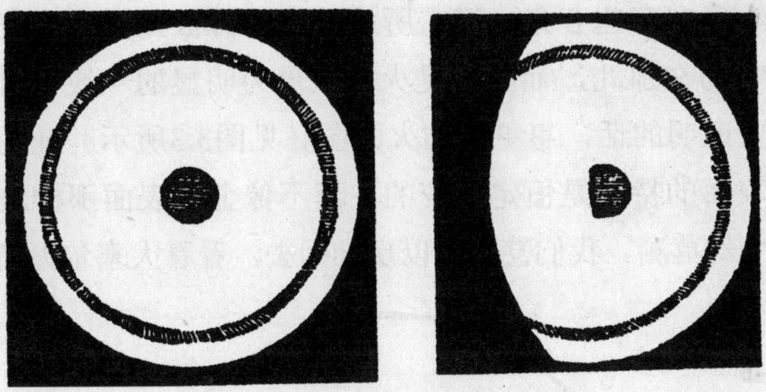

图 3.2　F·冯塔纳绘制的火星：（左）1636，（右）1638

我们不能因为冯塔纳错误地解释了他所看到的景象而指责他。那个药丸，纯粹是由于他那架望远镜糟糕的光学系统造成的（他在观测金星时也画上了类似的斑点）。当然"多种色彩"也是假象，不过，至少他做出了建设性的尝试。

在以后的几年里，人们在火星表面细节的观测方面，出现过一两个重要的、然而坦率地讲却并不成功的尝试。接下来，让我们来谈谈荷兰的克里斯蒂安·惠更斯（Christiaan Huygens）。当时最好的望远镜大都具有光圈小、焦距无限长的特点。它们比想像中的还要难用，幸亏惠更斯可能算是17世纪早期最好的观测者，他有许多杰出的发现。例如，他发现了土星光环系统的真相：首先看到了土卫六泰坦——土星卫星系中最亮的一个（他也是钟摆的发明者，大家因此而纪念他）。他在1656年画了一幅火星图，但直到1659年11月28日才记录下了火星的首例天然特征：三角形黑斑。在不同时期，
37 三角形黑斑有不同的名字，诸如：大西洋运河、皇帝海、沙漏海、大流沙。现在，在空间探测时代，三角形黑斑被称为大塞尔提斯平原（the Syrtis Major Planitia）。

这幅图绘于当晚7点。坦白地讲，图中大塞尔提斯平原的大小确实有些夸张，但它所反映出的特征无疑是清楚的。至今它仍在那儿，而且也是火星上最为明显的一块黑斑。如果需要证明的话，惠更斯的火面图（见图3.3所示）证明了：火星表面的特征是恒定不变的，而不像金星表面那样波谲云诡、变幻莫测。我们甚至可以反推回去，看看大塞尔提斯平原

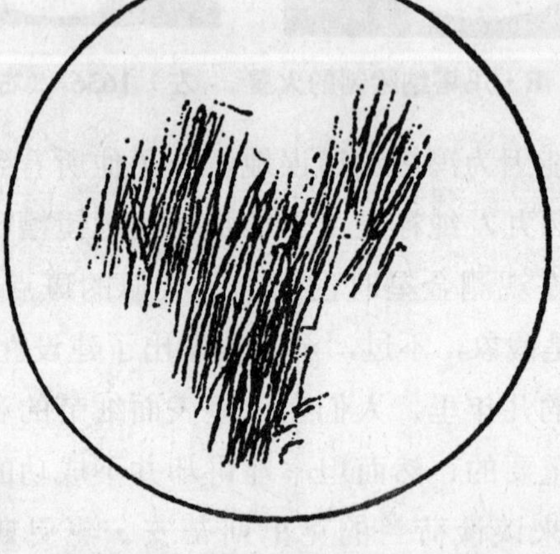

图 3.3　惠更斯于 1659 年 11 月 28 日绘制的火星

其上的大塞尔提斯正确无误

当时是否真的就在惠更斯所画的位置上。结果我们发现二者符合得相当好，这清楚地表明该行星的自转周期始终没有变化。

惠更斯盯着大塞尔提斯平原大概有几个小时之久（至少我们必须这样假设），然后他发现这块黑斑在火星盘面上有缓慢的移动。从图上看，移动的方向应该是由右至左，因为插图中的方位是上南下北。①他认为斑纹位置变化的频率是搞 38
清楚行星自转周期长短的重要线索。惠更斯的想法是对的，他在1659年12月1日的日记中写道："火星的自转周期和地球的周期很像，大约为24小时一周。"这一结果仅有约半小时的误差，对于只有简陋设备的惠更斯而言，不可能做得更好了。我猜他肯定有双猞猁的眼睛。

在他任职期间，惠更斯还画了其他许多幅火星图，同样都画上了大塞尔提斯平原，但他并不是惟一这样做的人。卡西尼（Giovanni Cassini）是另一位伟大的先驱，他生于意大利，但大部分时光是在法国度过的，他因此成为了巴黎天文台的首任台长。在1666年（实际上是在他去巴黎之前）卡西尼就对火星进行了多次观测，虽然他的火星图没有惠更斯画得那样好，但是他发现火星盘面上的斑纹回到原位置的时间总比前夜要晚40分钟——以此推算，在36或37天以后，这些斑纹将在相同的时刻到达相同原位置。他继而推出火星的自转周期比地球的周期略长，他得到火星的自转周期约为24小

① 天文望远镜中的图像大多是上下倒置或左右颠倒，在空间时代以前，差不多所有月亮和行星的图像都是上南下北的。（方向问题是30年前——国际天文联合会即天文界的最高领导机构，在某次大会上最热烈讨论的议题。在最后的投票表决中，像我这样的上南下北的支持者们遭到了惨败。）在写作这本书时，我遇到了难题。选用上南下北的草图是明智的，但如果是空间图片就必须颠倒过来（上北下南）。我希望说了这么多没把大家弄糊涂。——原注

时40分，这个结果差不多完全正确。但是对于这个结论还存在一些争议，罗马的望远镜制造者卡姆帕尼（Campani）及其助手最先提出火星的自转周期应为13小时，不过，没过多久事实便证明卡西尼的结果才是正确的。

卡西尼也是第一位在1666年对火星白色的两极做了记录的观测者。它们看上去和地球冰冻的两极几乎没什么差别，特别是它们在火星不同的季节里呈现盈亏变化，所以在当时对于它们性质的认识没有遭到多少质疑。后来，卡西尼的侄子马拉第（Giacomo Maraldi）分别于1704年和1719年对火星两极进行了仔细的研究，他得到的火星自转周期为24小时39分。因为火星真正的周期比24小时37分略长，所以马拉第的结果最接近真实值。

我们接下来要谈到的是威廉·赫歇尔爵士（Sir Willliam Herschel），他堪称天文学史上的一位巨匠。他生于汉诺威，但是大部分时光是在英国度过的。他利用一架家庭自制的反射望远镜在1781年实现了“对天空的重新审视”，他发现了天王星，为成千个星团和星云编制了星表。他发现天空中大部分双星都是物理成协[①]或二位一体的，而不仅仅是由视线效应产生的。赫歇尔还是第一个成功地绘制出恒星系统（即星系）轮廓的人，他后来成为了英格兰及汉诺威国王乔治三世正式任命的天文学家，获得了科学界能够授予的每一项荣
39 誉，其中包括一个爵士头衔和新成立的皇家天文学会（即后来的英国天文学会）中的一个永久位置。他也是当时最最优秀的望远镜制造者，由他制造的最大口径49英寸的反射望远

---

① 物理成协（physically-associated）：指天体相距较近并有物理联系。——译者注

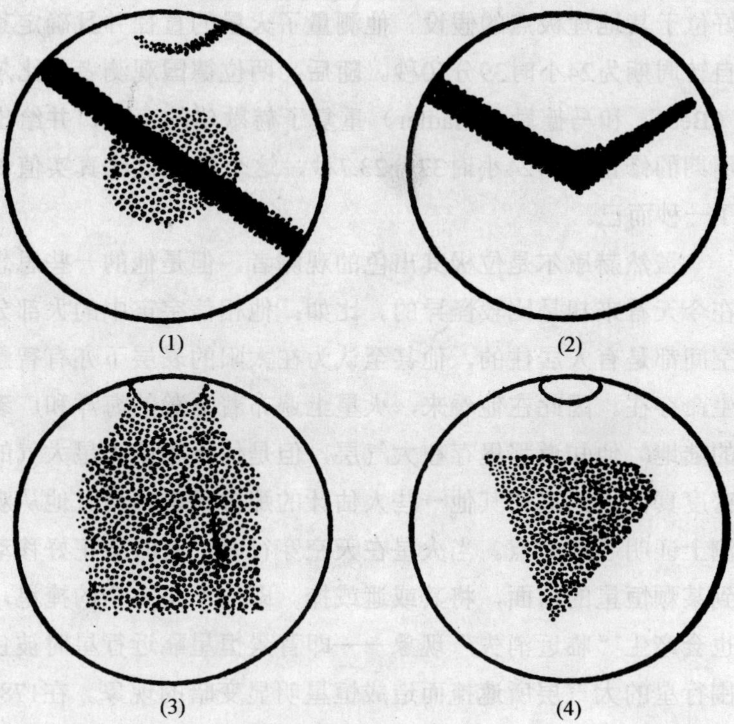

图 3.4　马拉第于 1719 年绘制的火星

（1）7 月 13 日；（2）8 月 19 日、9 月 25 日和 10 月 28 日；（3）8 月—10 月；（4）8 月 5 日和 10 月 16 日

镜，是当时所能制造的功能最强的望远镜。如果你去位于格林尼治公园的古老的英国皇家天文台参观的话，在弗莱姆斯蒂德府邸中你还能够看到这架望远镜。他在巴思新国王街19号的旧居，如今成了赫歇尔博物馆。正是在19号宅子的花园中，赫歇尔发现了天王星。

赫歇尔的主要工作都与恒星相关，但是他在1777—1783年间也对火星做了一系列的观测。他完全相信火星的两极是由厚厚的冰雪覆盖着，同时他也证明了先前关于极冠并不正好位于其地理极点的假设。他测量了火星的直径并且确定其自转周期为24小时39分50秒。随后，两位德国观测者，比尔（Beer）和马德勒（Mädler）重复了赫歇尔的工作，并给出周期的修正值为24小时37分23.7秒，这个结果仅比真实值长了一秒而已。

40 虽然赫歇尔是位极其出色的观测者，但是他的一些思想在今天看来却是比较怪异的。比如：他相信宇宙中的大部分空间都是有人居住的，他甚至认为在太阳的表层下亦有智慧生命存在。因此在他看来，火星上遍布着浩瀚的海洋和广袤的陆地。他知道那里存在大气层，但是他不相信火星大气的密度真如卡西尼和其他一些人估计的那样稠密，而且他从观测上证明了这一点。当火星在天空穿行时，有时会正好移动到某颗恒星的前面，将其或遮或掩。即使不是完全的掩星，也会产生“临近消失”现象——即背景恒星靠近行星时被包围行星的大气层所遮掩而造成恒星明显变暗的现象。在1783年10月26午夜至27日凌晨，赫歇尔注意到，当这两颗晦暗的恒星在经过火星数角秒大小的边缘时，全都没有变暗。那么可以假定，火星的大气并不是很密。这一次赫歇尔又对了。他也测量了火星球体的扁率，结果表明火星比地球更扁一些，同时他确定了火星自转轴的倾斜角为28度。今天我们知道，真实的倾斜角为24度。

赫歇尔最终在1783年结束了对火星的观测，但是两年以后，德国不来梅附近一个小镇利连萨尔（Lilienthal）的镇长肖特（Johann Hieronymus Schröter）对火星进行了长期的观测。肖特和赫歇尔定期通信，他的一架望远镜（也许是最好的一架）就出自赫歇尔之手。但是这两个人工作的方向完全不同，肖特的注意力全在太阳系以内。他是第一位最杰出的月球观测者，火星和金星是他最为关注的两颗行星。他所领导的一个专门搜寻火星、木星之间，环绕太阳运行的小行星的组织成立于1800年，其中的一颗小行星是由他的助手、在利连萨尔天文台工作的哈丁（Karl Harding）发现的。

我始终对肖特满怀敬意。他被指责为笨拙的绘图员（这是真的），也被认为是个不可靠的观测者（这是错的）。他曾声称他的望远镜质量很差，但是按理讲，其中不应该包含赫歇尔制造的那一架。不幸的是，他的天文台在1814年法国入侵德国时被毁，他的黄铜镜筒的望远镜被法国士兵抢走了，因为他们以为那是黄金做的。但是无论做何假设，至少赫歇尔制造的望远镜的质量是一流的。不管怎么说，肖特画的一系列火星图确实很有意义。

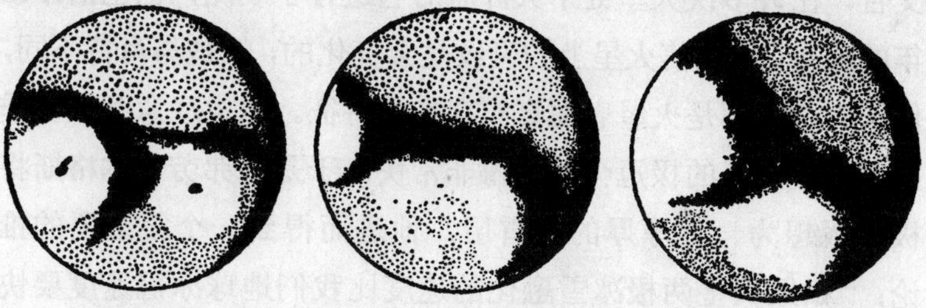

图 3.5　肖特于 1800 年 12 月 8 日绘制的火星

他做了大量的测量工作（诸如：直径、自转轴倾角、两极扁率的测量，等等），得到的结果比赫歇尔测得的要好，但奇怪的是，他居然错误地解释了他所看到的景象，并且做了如下记录：“我从来没有确实观测到完全固定于火星盘面上的类似地球上的湖泊和海洋那样的黑色斑纹，这些黑斑应该具有相对较低的反射能量。”很奇怪，他相信自己看到的黑色区域不过是火星大气中的云朵罢了。

很难解释他是如何误入歧途的，尤其是在他画了许多反反复复地出现的相同特征的火星图之后，他也观测到了所有关于火星极冠的各种现象，例如：亮度和面积大小的变更、略微不规则的轮廓以及季节交替的现象，等等，这些极冠现象我们现在已经了解得比较透彻了。令人痛心的是，他多年来编纂的许多观测书籍和记录的大量观测笔记，在法国士兵攻入他的天文台时统统被付之一炬。那次进攻是在1814年，从此肖特再也没有恢复元气，两年后他便离开了人世。

在说到比尔和马德勒这两位最先绘出火星自行图的先驱之前，我想先来谈谈弗劳吉尔格斯（Honorè Flaugergues），他是法国的天文爱好者，因为发现了著名的亮彗星“1811”而被后人纪念。弗劳吉尔格斯在维维尔斯建起了他的私人天文台，在许多次火星处于大冲时对它进行了观测，也包括1813年的那次。他确信火星上的斑纹是会变化的，但是与肖特不同，他认为这些都是火星表面真实存在的特征。他也注意到从春季至初夏，火星的极冠会缩小得非常快。于是，弗劳吉尔格斯将极冠假想为一片厚厚的冰雪层，他进而得到一个很重要的推论：“如果火星两极冰雪融化的速度比我们地球冰冠速度要快而且更为彻底的话（地球上大部分的冰到盛夏仍然不化），那么可以认为火星要比地球更炎热一些，虽然由于距离的原因，
42 火星所能接受到的阳光仅为地球上的43%。这就又增加了一个证据，使得大多数经验丰富的物理学家们相信：太阳光本身不是火星发热的原因，它们只是间接地加热了火星。

换句话说就是，火星上的气候要比地球气候更为炎热。这句话听上去显然十分古怪，但是的确没有显而易见的原因来解释火星上为什么没有生命。

在随后的1830—1841年间，比尔和马德勒一道，在比尔

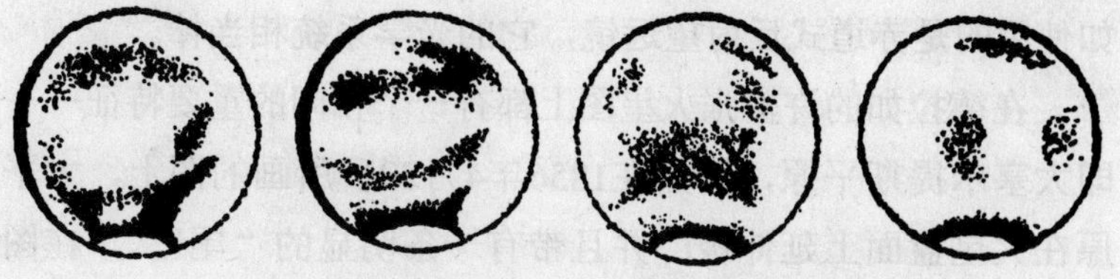

图 3.6　比尔和马德勒于 1837 年绘制的火星

位于柏林郊外的私人天文台展开了观测工作。他们之间的合作关系颇为有趣。比尔（作曲家梅耶·比尔的兄弟）是位银行家，马德勒则是职业天文学家，他们所使用的望远镜是当时最先进的$3^3/_4$英寸的折射镜。抛开望远镜的小口径不论，比尔和马德勒绘制的月亮地图在长达半个世纪的时间内一直都是最好的，即使今天看来仍然很珍贵。他们也绘制了火星地图，图上他们选择一块黑色特征表示零经度线——也就是火星上和格林尼治天文台①相对应的一条线。相对而言，他们画的火星图没有月图那样好，但是的确比过去的任何一幅火星草图都好。在当时的情况下，他们所做的可以称得上是了不起的成就。更值得一提的是，他们修订并且改进了此前所有的物理测量，其中包括对自转周期的测定。正如我们所看到的，他们测量的精度已达到不超过一秒的误差。

马德勒在1940—1941年离开柏林，就任隶属于新建的俄国爱沙尼亚多帕特天文台的台长。遗憾的是，从此以后，无论是他还是比尔，都没有再从事月球或是行星方面的工作。我们必须承认在此后的20年里，除了19世纪50年代中期英国天文爱好者（也是摄影先驱之一的）德拉如（Warren De La Rue）画了几张不错的火星图外，对火星的研究几乎是一片空白。德拉

① 虽然格林尼治天文台直到1880年左右才被确定为地理零经度的标志。——原注

如使用的是赤道式反射望远镜，它的光学系统相当棒。

43 在德拉如的许多张火星图上都有一个相同的重要特征——即大塞尔提斯平原，例如在1856年4月20日所画的图上，大平原在火星盘面上延伸极广并且带有一条明显的“尾巴”。在图上对南极极冠也有很好的表现，而且还画了许多能够辨别的细节。他在北极处则画上了大片的白色。早在1853年，法国天文学家阿拉贡（François Arago）就曾经提出：南极极冠面积的变化应该比北极大，因为在那里的气候变化更为剧烈。

天主教徒赛奇（Angelo Secchi）在1858年对火星做了详细的描绘，他因为对恒星光谱的开创性工作而闻名。他记录下了大塞尔提斯平原并且称之为“亚特兰大运河”，不过这个名字起得非常糟糕，因为那上面并没有任何人工开凿的迹象。

那时火星上的黑色斑纹已被默认为是海洋，而赭色的区域则是大陆。有一个人不同意上述观点，他就是利埃兹（Emmanuel Liais）。他在巴黎念书，随后受到巴西王室的邀请担任里约热内卢天文台的台长，并在那里度过了余生。利埃兹对火星做了一些不连续的观测，但他最重要的贡献是提出了“火星上黑色区域更像是由于植被的覆盖而不是沙漠”。利埃兹的论文发表于1860年。赛奇不同意他的观点，两年后他写道：“海洋和大陆的存在……已经得到最后的证实。”即使在那个阶段，对火星的研究仍然充满激烈的争论。

更好的望远镜加上更先进的技术，可以帮助我们获得更精确的火星地图。洛科耶爵士（Sir Norman Lockyer）是另一位研究恒星光谱的先驱，他在1862年火星正处于最佳大冲位置的时候，画了许多很不错的火星图。并且他和赛奇持相同的观点，认为火星上那些“绿色”的区域是海洋。荷兰的凯塞尔（Frederik Kaiser）和法国的弗拉马利翁（Camille

Flammarion）是当时两位非常有经验的观测者，凯塞尔给出的火星自转周期为24小时37分22.62秒。当时光谱学也开始运用于火星的研究，新兴的光谱研究似乎也支持火星大气肯定含水的想法。弗拉马利翁确信火星上那些黑色的区域是一些处于某种状态的水，但他也不清楚这种状态是否是一种中间态，因为它既非纯液态亦非纯气态。

接下来，我们遇到了给这些地貌特征命名的难题。这个问题以前从来没有人认真过问，不同的观测者所起的名字全都不一样。在这一问题上起着领导作用的是英国的天文爱好者普洛克特（Richard A. Proctor），他本人是一位著名的“畅销书”作家，同时也是一位优秀的天文学家。1867年，普洛克特画了一张火星地图。为纪念那些著名的观测者，他就以他们的名字命名图上的那些地貌特征，例如：卡西尼大陆、冯塔纳大陆和马德尔大陆，等等。他的命名系统被其他英国的观测者所接受，但是这个系统在其他欧洲国家却不太受欢迎。普洛克特的地图因为不够准确而遭到批评，在某种程度上也确实不准确，他还因为选择名字时过于宣扬大英国主义而受到攻击。①各种各样的修改被引入这个系统，但它还是被斯基帕雷利（Giovanni Schiaparelli）在1877年提出的新的命名系统替代了。也许我有些跑题了，如果真的是这样，我万分抱歉。不过，看着两张地图，一张来自普洛克特，另一张来自斯基帕雷利，比较两种对立的命名法确实是件很有趣的事儿。其对照如下：

---

① 相同的批评指向俄国人是在差不多一个世纪以后的1959年，当时他们发射了探测器“月神3号”环绕月球飞行并且拍到了月球背面的第一张照片。我们在地球上是无法看到月球的这一面的，因为它始终藏在月球的后面。他们的命名系统包括：莫斯科海、苏维埃山等。唉，其实苏维埃山并不存在，照片上的不过是一束亮光罢了，而且这个名字在以后的苏联月图中也悄悄地消失了。——原注

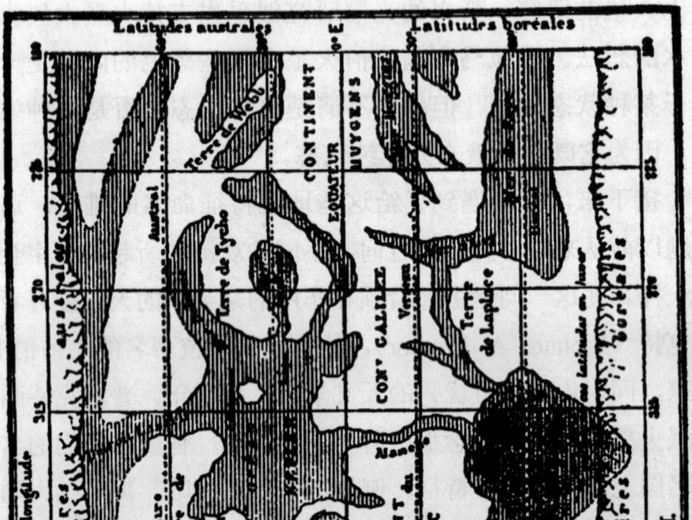

图 3.7 弗莱曼瑞恩于 1876 年绘制的火星地图

普洛克特命名法	斯基帕雷利命名法
比尔大陆	埃里亚（Aeria[1]）和阿拉伯（Arabia）
赫歇尔第二海峡	红海湾（Sinus Sabaeus[2]）
阿拉哥海峡	珍珠湾（Margaritifer Sinus）
波尔顿湾	印度运河口（Mouth of the Indus canel）
马德尔大陆	金洲（Chryse[3]）
克里斯蒂湾	曙光湾（Aurorae Sinus）
特尔拜海	太阳湖（Solis Lacus）
开普勒大陆和哥白尼大陆	云神大陆（Thaumasia[4]）
雅各布大陆	诺亚（Noachis）和银山1（Argyre[5] 1）
菲利普岛	丢卡利翁[6]区（Deucalionis Regio）
霍尔岛	海神区（Protei Regio）
斯基帕雷利海	塞壬[7]海（Mare Sirenum）， 凤凰湖（Lacus Phoenicis）
马拉蒂海	辛梅利亚[8]海（Mare Cimmerium）
虎克海和弗莱曼瑞恩海	第勒尼安海（Mare Tyrrhenum[9]）及 小塞尔提斯（Syrtis Minor）
卡西尼大陆和德莱耶尔岛	奥索尼亚（Ausonia）和伊阿丕及亚（Iapygia）
洛科耶大陆	希腊平原（Hellas[10]）
凯塞尔海（也称沙漏海）	大塞尔提斯（Syrtis Major）

① 古埃及的希腊名称。——译者注
② 红海的古名。——译者注
③ 位于泰国的一个富产黄金的岛屿。——译者注
④ 云神。——译者注
⑤ 恒河入海口的银色岛屿。——译者注
⑥ 古希腊塞萨里的国王，在大洪水中自救。——译者注
⑦ 希腊神话中的海妖，用甜美的歌声迷惑水手。——译者注
⑧ 古地中海旁的一块古大陆。——译者注
⑨ 地中海的一部分。——译者注
⑩ 希腊的古名。——译者注

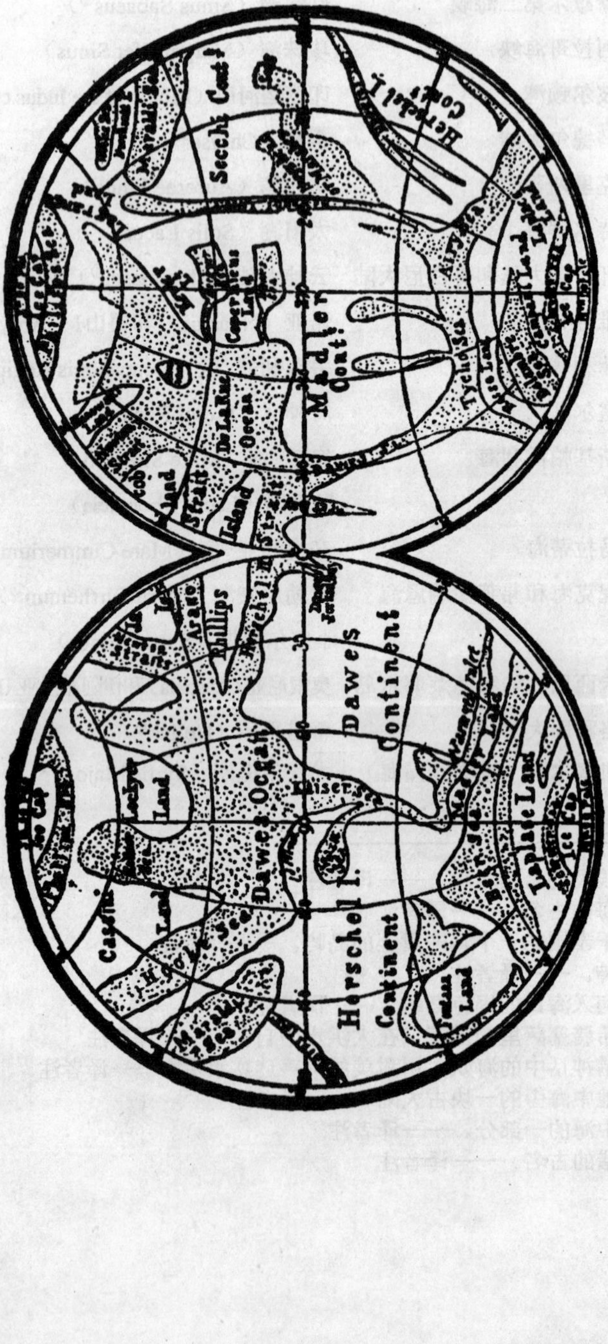

图 3.8　普洛克特于 1867 年绘制的火星地图

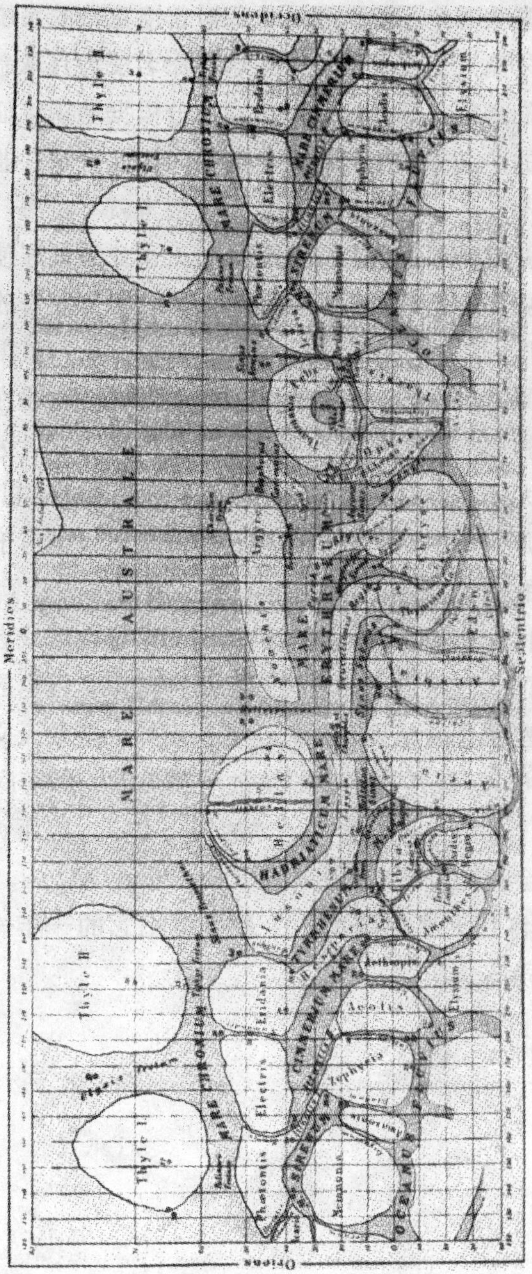

图 3.9 斯基帕雷利于 1877 年绘制的火星地图

你更喜欢哪个系统？我承认我对普洛克特的系统存有怀旧之情，毕竟人们已经接受采用这种命名法为月球命名。另一方面我们必须承认，斯基帕雷利部分根据地貌特征、部分根据神话的命名方法更为科学。其实阿拉贡海峡并非海峡、菲利普岛不是岛，而奥尔格拉斯海也根本就不是海，它不过是一个向两端倾斜的高台。今天，航天事业的发展使我们对火星有了更多的了解，斯基帕雷利的命名也需要修改，比如他的“凤凰湖”——在今天我们叫它凤凰火山。值得一提的是金洲平原（Chryse）——“金色的平原”，也就是在1976年6月“海盗1号”和火星首次历史性接触的地方，过去的名字叫马德尔大陆。人们不禁会问：马德尔对此作何感想？

这就是火星中期研究史结束时的情况。人们对于火星的运动、它的形状、它的地貌特征已经了解得很清楚了，然而，对于季节性变化的极冠，人们只能猜测它是由冰或者雪构成的；火星的大气虽然不如地球大气那样浓厚，但也应该是稠密的。那些黑色区域到底是海洋呢（正如大多数天文学家所预计的那样），还是被丰盛的植被所覆盖的干涸海底？人们估计火星上的温度仅仅会比地球的低一点点，因而仍然相信那里可能会存在着高等的生命形式。

本章将在火星探测历史上最值得纪念的一年——1877年，告一段落。

第四章　运河的故事 49

对于早期的观测者而言，火星上的一切无疑非常吸引人。火星又是一颗颇为神秘的星球，因为除了几块暗斑和白色的极冠外，我们几乎看不到其他东西。各种猜测充斥着科学界，法国科学院秘书丰特奈尔（Bernard de Fontenelle）在1688年提出的观点很值得玩味。令丰特奈尔感到遗憾的是火星没有卫星（至少据他所知），火星的两颗小卫星直到两个世纪以后才被发现。所以他这样写道：“我们看到了潮湿或干燥的磷光物质，它们接受并吸收日光，所以可以在阴暗处闪闪发光。火星上或许有着许多巨大高耸的磷质岩石，它们白天贮存日光，夜间再把这些光释放出来。没人能够想像在日落时分，巨大的磷岩照亮整个大地的壮丽景象，它们不需要热源便可发出耀眼的亮光。我们知道在美洲有许多会发光的鸟，借助它们的光亮，人们可以在黑暗中阅读。我们怎么可以断定火星上没有大量这种发光的鸟，当夜幕降临时会遍布火星各地并创造出一个新的白昼来呢？”

这个故事至少比后来威尔斯（H.G. Wells）和他的追随者
所幻想的嗜血火星人的故事要动人得多。事实上，直到近代 50
或近现代才出现了关于不友好的火星居民的想法，即使是像赫歇尔这样坚信火星一定适合居住的人也没有走得太远，去想像火星人到底长什么样。首先，显然是要与火星人取得联系，于是各种各样有趣的提议诞生了。1819年出任维也纳天文台台长的利特罗（Johann von Littrow）点燃了大片的呈几何图案的篝火，试图吸引火星人的注意，他假定火星人可以理解他所传递的信息，继而做出回应。另一个聪明的设想是在撒哈拉沙漠中挖掘数条宽宽的壕沟，以表示某种数学密码。19世纪70年代中期，狂热的法国人克罗斯（Charles Cros）的想法可谓登峰造极，他提出建造一个巨大的凸透镜，将太阳光聚焦后指向火星沙漠以烧焦那里的沙子，通过不断转动凸透镜或许可以在火星的表面上写字。我常常想他究竟想在火星上写些什么字呢？可惜这个计划从未实施，就连蓝图都不曾画过。克罗斯先生当然非常伤心，因为人们根本就不把他的计划当回事。

如果我们不能给火星人发信号，那么我们能看到出自火星人之手的东西吗？这个问题把我们直接引向了1877年斯基帕雷利所做的那个著名的观测，这次观测所引发的激烈的争吵直到“水手号”完成了对火星的飞行后方才最终平息。斯基帕雷利首次对火星的地貌特征进行了仔细的研究，这些特征他称之为沟渠或海峡，不过它们最终被称为火星运河，因而流传至今。

斯基帕雷利1835年生于意大利的皮埃蒙特区，毕业于都灵大学。1862年他被任命为米兰的布莱拉天文台的台长，这个天文台拥有一架很好的$8\frac{3}{4}$英寸折射望远镜。他兴趣广泛（例如：他首开将彗星和流星雨相联系的先河），但此时此刻我们不得不将我们的注意力放在他的火星研究方面，这项工作始于1877年的火星大冲。大冲的确切时间是在9月5日，当时火星正位于近地点，也就是说：它实际上正处于其所能达到的距离地球最近的位置上。斯基帕雷利的观测经验相当丰富，而且当时米兰的天空也十分晴朗（比今天米兰的天空要清澈得多）。于是，他决定画一张新的火星地图。

他所画的火星表面图远远超过了此前的任何一位前辈，其中最主要的一个原因是他在图上标出的许多地表特征都被后来的观测所证实。他也修改了命名法，去掉了比尔大陆、洛科耶区和德瑞耶尔岛，取而代之以埃里亚（Aeria）、希腊（Hellas）和伊阿丕及亚（Iapygia）。在开始的一段时间里两个命名系统一直并驾齐驱，然而最终斯基帕雷利命名法被广泛采用。虽然空间探测的结果让我们意识到这个命名系统仍需修改，但我们今天所使用的命名法确实是以斯基帕雷利命名法为基础而建立起来的。

一条条纤细而规整的线条穿过火红色的沙漠，这是斯基帕雷利火星图上最为显著的特征。斯基帕雷利相信，这些线条不同于太阳系中其他任何东西。坦率地讲，他本人对此也迷惑不解。在随后的一篇文章中他阐述了自己关于这些线条 51
的想法，我们还是来看看他的原话吧：“所有广袤的大陆从南到北、从东到西，都被许许多多或粗或细的深色线条或条纹的网状结构分割得阡陌纵横，看上去变幻莫测。这些线条沿着规则的轨迹长距离地穿越火星表面，完全不像我们地球上河流冲刷所留下的痕迹。它们当中较短的不到300英里，其他的可延伸至数千英里，差不多相当于这颗行星周长的1/4甚至1/3。它们当中有的非常容易看到，例如被称为尼罗河三角洲（Nilosyrtis）的线条。相反，其他的那些线条则极其不容易看到，就好像最纤细的蜘蛛网丝一般遍布火星表面。线条的粗细各不相同，尼罗河三角洲线宽达120～140英里，而其他的线条甚至还不到20英里宽……它们的长度和排列都是固定的，或者只在很小的范围内变化……运河之间能以任何角度交叉，但是它们有着交汇向一点的趋势，这些点我们称之为湖泊。例如，我发现有7条运河交汇至凤凰湖，8条汇于三叉湖，6条汇向月亮湖，还有6条汇于河神湖。”

也许在斯基帕雷利对运河网状结构的描述中最值得注意的是，他觉得它们好像呈现某种确定的图样。这些运河无论是像肥逊运河那样沿环形轨迹穿越行星，还是像尼罗河三角洲运河那样呈惯常的蜿蜒曲折状，都不是偶然的。无论曲折与否，它们总是从一块黑斑奔向另一块黑斑，其中某些在赭色区域的中部突然中断了。火星1877年的大冲时，斯基帕雷利一共观测并记录了40条运河。

人们常说，其实斯基帕雷利并不是第一个发现运河的人，在他之前的观测者们已经画过一些运河，原则上这种说法是正确的。在比尔和马德勒绘制的一张火星图上有一条看上去像运河的东西，在拉塞尔、洛科耶、德拉如、赛奇、凯塞尔和其他一些观测者们的草图上也有条纹结构。如果火星运河这个词已经发明的话，那么利夫·道威斯（Rev.W.R. Dawes）在1864年所画的火星表面图上的条纹其实已经可以称做运河了。但是斯基帕雷利所展示的运河与他之前的那些迥然不同，这些运河打开了人们新的思路。

其后的一次大冲出现在1879年。当时的火星离近地点相当远，但是观测条件仍然不错，斯基帕雷利在大部分时间里都做了观测。他重画了那些已经发现的运河，又添上新发现的部分。新的发现还远不止这些，单道的运河会突然被双道运河所代替，这种情况被称作“孪生”或双生现象。当孪生现象发生时，让我们再次引用斯基帕雷利的话：“新生的两条运河紧随初始的那条，并且终止于原先运河的尽头。孪生

52

运河中的一条常常处于原先运河的位置，但是也出现过孪生运河垂直于原运河的两侧流动，占据新的领地。运河间的距离随孪生运河的不同而不同，从最宽的370英里到最窄的不足30英里，只有用大的目视望远镜才能将它们分开。”根据斯基帕雷利的观测记录，一条运河可能今天看着还是单道，而第二天再看就变成双道了。

当斯基帕雷利首次发表他的观测结果时招致了诸多怀疑，这当然是可以理解的，因为再没有别人在1877年看到这些运河。但是，爱尔兰的波尔顿（C.E.Burton）利用6英寸和8英寸的折射望远镜在1879年画了几张火星表面图，图上显示了清晰的条纹结构，完全证明运河的网状结构并不是只在某些时刻出现。一次次的火星大冲过去了，斯基帕雷利总是得到和别人不一样的结果。就此而言，还没有两个观测者对火星的描述是一致的。

斯基帕雷利并非只受到了小小的阻挠，要知道，19世纪80年代早期的那几次大冲比1877年和1879年的大冲要差，因为那时的火星已经离近地点越来越远，从而视面积也越来越小，因此缺乏观测证据难以避免。斯基帕雷利始终深信“水沟”实际上就是河道，它们引导因极冠冰盖融化而形成的洪水。这一阶段他似乎将它们视为天然形成的，但是此后他更倾向于认为它们是人工挖掘的。他甚至如此写道：“单一的模式很容易让人们联想它们是智慧生物的创造。我很小心地不去挑战这种观点，因为这并不是不可能的。”

最终，1886年人们找到了在当时被视为运河网状结构的有力证据。运用法国尼斯天文台功能强大的30英寸的反射镜，两位职业天文学家——皮若廷（Perrotin）和梭伦（Thollon）——发表了他们看上去和斯基帕雷利的同样怪异的火星图。

53

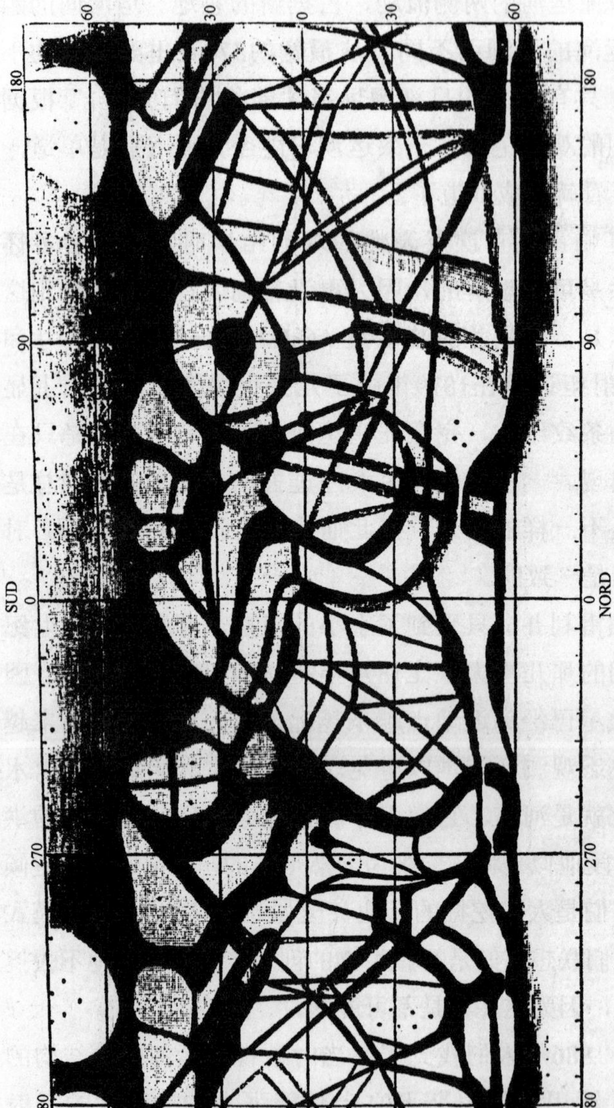

图 4.1 斯基帕雷利于 1881—1882 年间绘制的火星运河

随后，火星运河大范围流行起来。逐一罗列所有记载过火星运河的观测者无疑是十分乏味的，但是我必须提一提英国的威廉 54
姆斯（A. Stanley Williams）和比利时的托比（Françoins Terby）。

由于视力出现问题，斯基帕雷利于1890年基本结束了他对火星的观测，后来他又画了一些火星图却迟迟不愿发表，因为他自己都怀疑它们的可靠性。（很不幸，他于1910年去世，但是早在一两年前就彻底失明了。）与此同时，两位美国人走到了最前列，他们是匹克瑞（William H. Pickering）和洛维尔（Percival Lowell）。匹克瑞是受雇于哈佛大学的一位职业天文学家，他既是出色的观测专家——发现了土星的第9颗卫星费比（Phoebe），也是研究月球和行星的权威。的确，他的想法相当独特，竟然认为月球表面的某些可疑的黑斑是大片的昆虫群。不过考虑到他用的仅是目视望远镜，产生这些想法是完全可以理解的。他从1892年起画了许许多多的火星运河，是他将运河的交汇点命名为“绿洲”。他发现，有些绿洲是运河辐射分布的中心。在被称为“三叉湖”的突出黑色区域（后来发现这里是一块凹陷），他看到了至少6条运河发源于此。更重要的是，他发现运河在穿越黑色区域的同时也会穿越明亮的沙漠地带，这一点实际上给了认为黑色区域有水的想法以致命的一击。

下一位将要出场的是我们火星故事里的重要角色洛维尔，起初，洛维尔是一位外交官，但后来决定献身于天文研究。他于1894年在亚利桑那州的弗拉格斯塔夫建立了天文台，配备24英寸的折射望远镜，专门从事火星研究。他在那里孜孜不倦地工作着，直到1916年猝死前夕。

选中弗拉格斯塔夫并不是轻率的决定。洛维尔清楚，除了大的望远镜，他还需要晴朗而视野开阔的天空。斯基帕雷利使用的是相对较小的设备，洛维尔的情况要好得多，他可以随意选择他想去的地方。一系列测试显示弗拉格斯塔夫那里的气候很适于观测，于是他选择了那里。洛维尔天文台很快就出名了，到现在仍然很著名。如今，那里有许多功能强大的望远镜，24英寸的折射望远镜在那里变得有些微不足道了，但它仍然是同类望远镜中性能最好的一架。我本人曾经多次使用过它，所以我是基于个人经验做出上述评价的。

55 洛维尔因为使运河网状结构的研究日趋完善而被后人纪念，同时他宣称：在火星上毫无疑问地肯定有智慧生命存在，他们可以建造全球性的灌溉系统，从极冠冰盖处引水至赤道附近的聚居地。可惜他这两方面的观点都是错的。但是他在其他领域大量的十分有价值的工作仍然值得我们纪念，正是基于他的计算才找到了太阳系的第九大行星——冥王星。这项工作是在弗拉格斯塔夫完成的，但是不能否认，是在洛维尔死后才发现了冥王星。毋庸置疑，洛维尔将永远在天文学的历史上占据一个显赫的位置。

在一生中的不同阶段，洛维尔吸引了大批优秀的观测者一起工作，其中也包括匹克瑞。大量的运河研究被记录下来：孪生、多样性、绿洲，等等，其实就是火星运河所特有的种种现象。洛维尔对这些运河的真实性深信不疑。在1906年所著的《火星及其运河》中，他这样写道：“当火星运河不仅在我们的视线范围内可以很好地看到，而且它的存在是毫无疑问的……在良好的观测条件下，运河的清晰度可以和那些已经得到很好认证的夫琅和费线相媲美，它确实就在那。”（夫琅和费线是太阳光谱中的黑色线条，成千条夫琅和费线已经被绝对精确地画了下来。）

洛维尔坚信那些网状的运河几何图不可能是天然的，所以在这颗行星上肯定存在发达的文明，但是他又谨慎地补充说：“谈论火星生命并不意味着它们就是人类”。对他来说，火星居民很久以前就杜绝了战争，他极其精确地将战争概括为“从野蛮时代残留的幸存者，现在只能影响那些幼稚的没头脑的民族”。火星缺水是因为它比地球演化的时间更长，所以老化得很快。因此火星居民们殚精竭虑地榨干惟一残留的水源——极冠冰雪层中的每一滴水。

另有两个现象看起来也与洛维尔的结论高度相关。当极冠在春季和初夏变小时，洛维尔注意到在它的周围有一圈黑边，这黑圈随着极冠的缩小而减小。这样的现象被解释为水蒸气产生了临时的湖泊和沼泽，这些区域被假设具有较低的反射能力。第二个现象是：运河和主要的黑色区域都会受到极冠缩小的影响。根据他的理论，蒸发的水汽向着赤道方向飘去，同时植物也从冬眠的沉睡中苏醒过来，这就使我们看
到了长达数周乃至数月的“暗流现象”。稍后，我将就“暗 56
流”再多说几句。当时，洛维尔甚至计算出了“暗流”的速度约为每小时两英里。关于黑色区域，他这样写道：“它们被极冠的冰雪融水所激发膨胀，很快就变得非常突出并保持这个状态达数月，而后它们慢慢减小直至消失。暗区逐一受
到影响……暗流依次到达一个区域、越过它，然后是下一个 57
区域，直到最终越过赤道，接着继续扩张领土范围，侵入至另一半球。紧随它扩张脚步而来的是它的缓慢衰退。但是，火星另一端的极冠也已经产生了同样的暗流，与先前的北端暗流相反，是由南向北逆向而行。这些植物复苏的浪潮在一个火星年内穿越这颗星球两次，它们不顾一切地前进，前进。火星上有两个生长期，一个源自北极，另一个来自南极，赤道区域由于受两极共同影响而始终郁郁葱葱。”

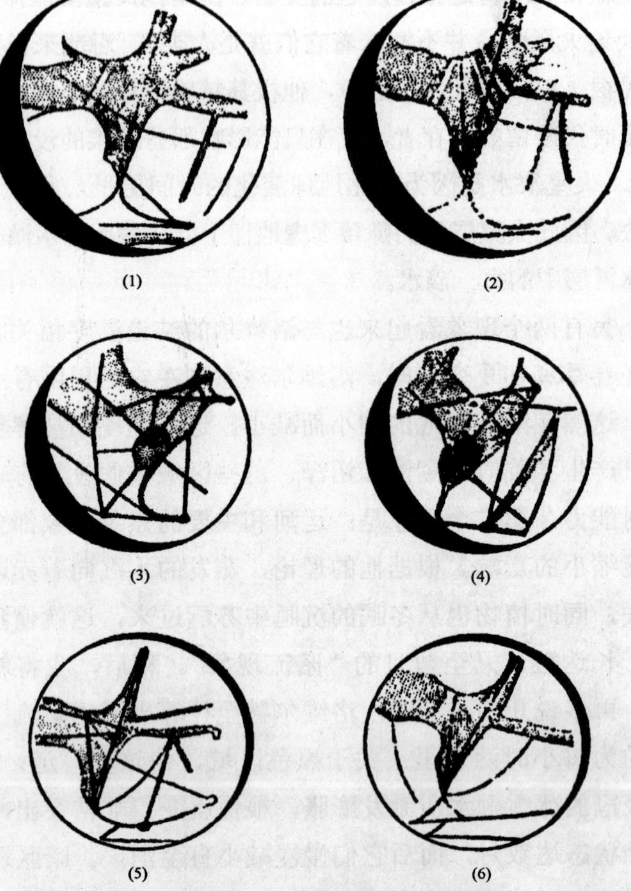

图 4.2　洛维尔绘制的大塞尔提斯图

（1）1896 年 10 月 2 日，14：25；（2）1896 年 10 月 2 日，15：07；
（3）1896 年 10 月 9 日，17：22；（4）1896 年 10 月 9 日，18：40；
（5）1897 年 1 月 11 日，05：01；（6）1897 年 1 月 12 日，04：51

洛维尔并没有坚持认为水道是天然的地表水流。比如，蒸腾作用会导致其干涸将是一个明显的致命问题。看起来极有可能是细窄的中心运河被引向条状农田的周边，绿洲可能是这些运河的中心枢纽。就洛维尔而言，所有的一切都基于一个假设：火星上有智慧生命居住，网状的运河系统是人工建造的。

各种假设层出不穷，这一点并不令人感到奇怪。人们想到了堤坝、巨墙，甚至巨大的管道阵。在一本1914年出版的名为《火星之谜》的书中，作者豪斯顿（C.E. Housden）关于将水通过运河从极冠抽运至赤道所必需的水泵站的性质及排列描述得非常详细。豪斯顿完全自洽地证明了运水的管道必须有6英尺粗，这些管道被用以将运河中的水压到高高的蓄水塔中，再从那里通过静力压作用而输送至各地。时间继续向前推进。西尔（Donald Lee Cyr）在1944年将运河的形成归功于区域内丰富的物种。正是生物群从一块绿洲迁移至另一块绿洲时形成了运河，但是他认为绿洲是陨石撞击火星表面而形成的天然撞击坑。看起来西尔是那个年代第一个发表火星上有撞击坑观点的人。不久以后，欧匹克（E.J. Öpik）继承了他的这种想法，但是欧匹克的观点和西尔截然不同。

并不是每个人都认同运河是人工开凿的。匹克瑞认为它们是火星表面天然的裂缝，内部的空气可以从那里逃逸出来，所以裂缝的周围植被丰茂。在洛维尔生前，他的理论就已受到了强烈的挑战，被认为是偏激的。其中一个最为猛烈的抨击来自于华莱士（Alfred Russel Wallace），他是进化理论的先驱之一。他在1907年以评论洛维尔的观点为题写了一本
书，他得到的结论是：火星这颗行星上肯定不会有水存在， 58
而且那里的温度也令人绝望的低。他以这样一句话结尾：“因此，火星上不仅没有如洛维尔先生所假设的智慧生命存在，而且它根本不适宜生存。”（在华莱士的书中，此处为大写）。

如果洛维尔的火面图是准确的，那么我们一定可以看出那些特征绝非天然。但是整个问题的关键在于：这些运河是否真的存在？它们是笔直而规整的吗？它们是宽阔的吗？辐

射状的条纹与人工水利系统完全不同吗？抑或它们不过是我们眼睛的幻觉？

有一点需要注意，不同的观测者所画的网状结构吻合得并不好。除了最为明显的那些条纹，斯基帕雷利、洛维尔、皮若廷和梭伦、布兰内尔（Leo Brenner）以及其他一些观测者画的运河，不但位置不同，而且粗细也不同。更有甚者，在某些插图上——特别是布兰内尔画的图上——运河系统的复杂程度，无论以何种标准看都是令人难以置信的。我并不想说它们完全没有共同点，毕竟有一些运河在所有能看到的运河网状系统的火面图上都有记录，比如：尼罗河三角洲运河，还有尼潘西斯-透特运河。尽管如此，但有些观测者却将它们画成粗大的弥散线条，而另一些人则喜欢模仿洛维尔和他的合作者们的描画，将运河系统画成类似蜘蛛网的样子。

英国的观测先驱格林（N.E.Green）在1877年的大发现以前就对火星进行了仔细的研究，他认为那些运河并不是真正的条纹区域，不过仅仅是不同颜色区域间的边界罢了。意大利的天文爱好者塞如利（Vincenzio Cerulli），在他位于特莱默镇的家中建立了私人天文台，他提出：运河并不是整齐规则的线条，而是由一些不连续的点和线段构成的。正如他所说，人眼在观察可见度有限的闪烁物体时，会将一些微小的特征连起来看。塞如利是没有成见的，因为他也能看到可能被解释为运河的东西，他并不迷信洛维尔的理论，当然他也不会将运河认定为单纯的幻觉。

塞如利的理论在1903年被英国的孟德尔（E.W.Maunder）所证实。孟德尔画了一些没有运河的火星图，他在格林尼治皇家医学院的学生们面前展示，让他们远远地观看并且临摹。当孩子们这样做时，他们当中的许多人都画出了明显的线状运河。由此，孟德尔得出了他的显而易见的结论。但是洛维尔却根本不为其所动，他轻蔑地称之为“小男孩理论”。

出于个人兴趣，我在1950年重复了那项试验。这一次， 59
我选择了肯特预科学校的一些10～13岁的男孩子，这些孩子比孟德尔的试验对象要年轻得多，但是他们受到过更好的教育并且更熟悉绘画。我展示的图像是大望远镜中显示的火星真实面貌，不过在可能有运河的位置上画了许多不连续的点和线段。58个孩子中，有42个在运河的位置上画出了模糊的轮廓，试图显示那里有什么东西，有13个画了连续而粗大的模糊线条，只有3个孩子画出了和洛维尔画的类似的运河。这三个孩子当中，有两个是出了名的缺乏美感的孩子，剩下的一个孩子近视。我得到的结果证明，洛维尔当初宁愿相信训练有素的观测者而不相信一群孩子的做法确实是正确的。

但是仍有一些有经验的观测者，无论在何种情况下，都无法看到火星运河。威尔逊和帕洛马山上巨大反射望远镜的设计者海尔（George Ellery Hale），就是其中一位。另一位是在1877年发现火星两颗卫星的阿萨夫·霍尔（Asaph Hall）。大多数天文学家都认为洛维尔宣称运河网络非常醒目是错的。在1916年洛维尔逝世后，怀疑他的人更多了。

二战时最好的行星观测者可能要数尤基尼奥斯·M·安托尼亚蒂（Eugenios M.Antoniadi）了，他生于希腊，后来在法国度过了大部分时光。他曾和弗拉马利翁一起工作，后者是著名的天文科普作家（这里我需要提一句：他也是那个时代最好的观测者）。后来，安托尼亚蒂得到了使用巴黎附近缪东的33英寸的折射望远镜的机会。我对这台仪器很熟悉，它的性能非常好。安托尼亚蒂用它观测，画出了航天时代以前最好的火星表面图。他能够看到那些“运河”，虽然他也使用这个大众化的词来称呼它们，但他个人认为从外观上看它们根本不可能是人工的，而且他对洛维尔的工作无论是理论的还是观测的，都根本不屑一顾。最后，他于1930年发表了他的值得永久纪念的工作成果，即他对火星表面进行的全

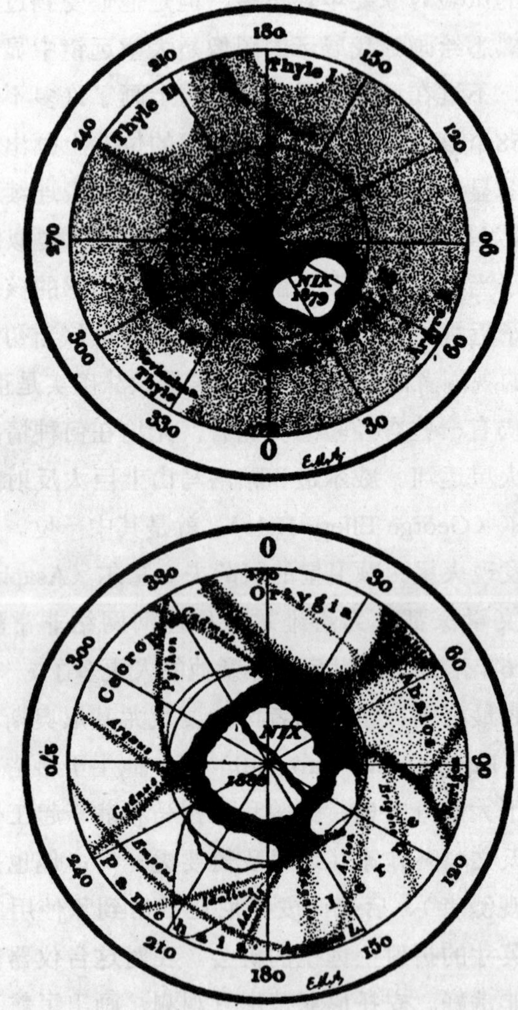

图 4.3　弗莱曼瑞恩和安托尼亚蒂描绘的极地区域

面描述。①

安托尼亚蒂的观点非常犀利："在这儿所讲的是事实的真相。没有人看到了火星上真正的运河，那些所谓的或多或少线性的或单或双的斯基帕雷利式'运河'，并不是真正存在的运河，或是别的什么几何图案，但是它们的确是以实物为基础的，因为在火星的表面能看到运河的每个地方，都有一道不规则的条纹，它们或连续或间断为点，抑或是一个碎裂的、有着灰色的边界或完全孤立的结构复杂的湖泊……我要在这里强调一点，那就是：斯基帕雷利的"运河"是以真实存在的东西为基础的，与洛维尔及其助手们在火星表面上画出的幻觉的'运河'截然不同……许多人喜欢将洛维尔的火星运河图挖苦地比做蜘蛛网。这种比喻是不恰当的。"

61

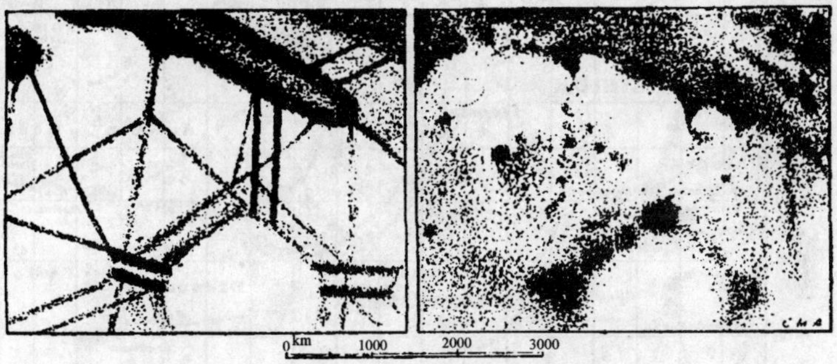

图 4.4　安托尼亚蒂对运河的解释

（左）极乐地区的运河，斯基帕雷利于 1877—1890 年间绘制；（右）同一地区，安托尼亚蒂于 1909—1926 年间使用麦都天文台 33 英寸折射镜绘制，细长的地貌被分解为精细的细节。

我们现在知道，安托尼亚蒂摒弃洛维尔的网状结构是正

① 由于某些我难以解释的原因，这项成果多年来都未被译为英文。最终，我承担了这项翻译工作，但是直到1975年才正式发表，不过这个时间只对研究历史的人才有意义了。——原注

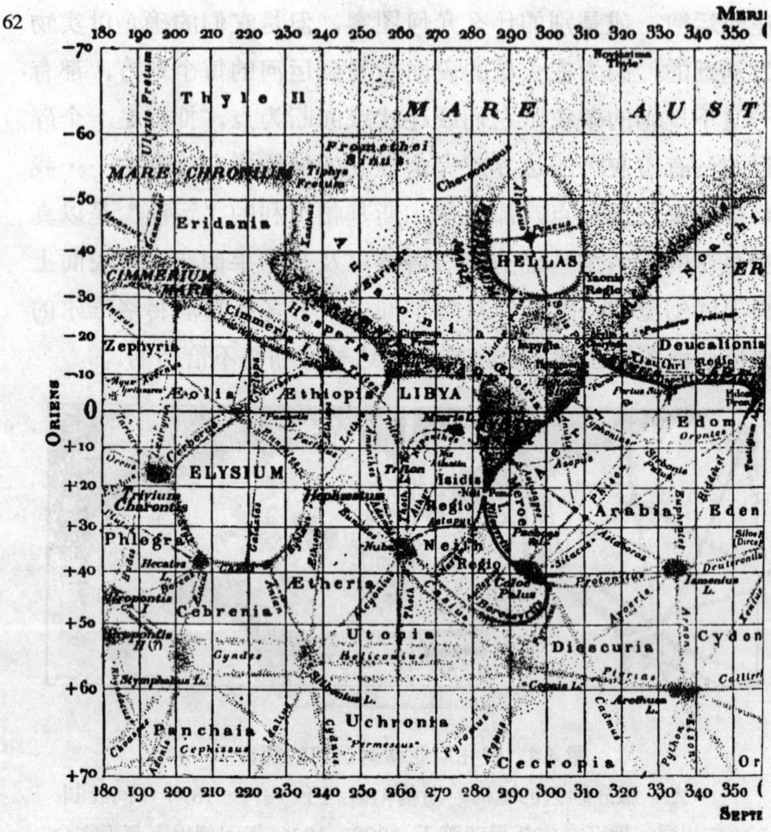

图 4.5　安托尼亚蒂绘制的，采用麦卡托投影的部分火星地图

资料来源于1903年BAA火星学会的观测，并得到了英国天文学会的使用许可

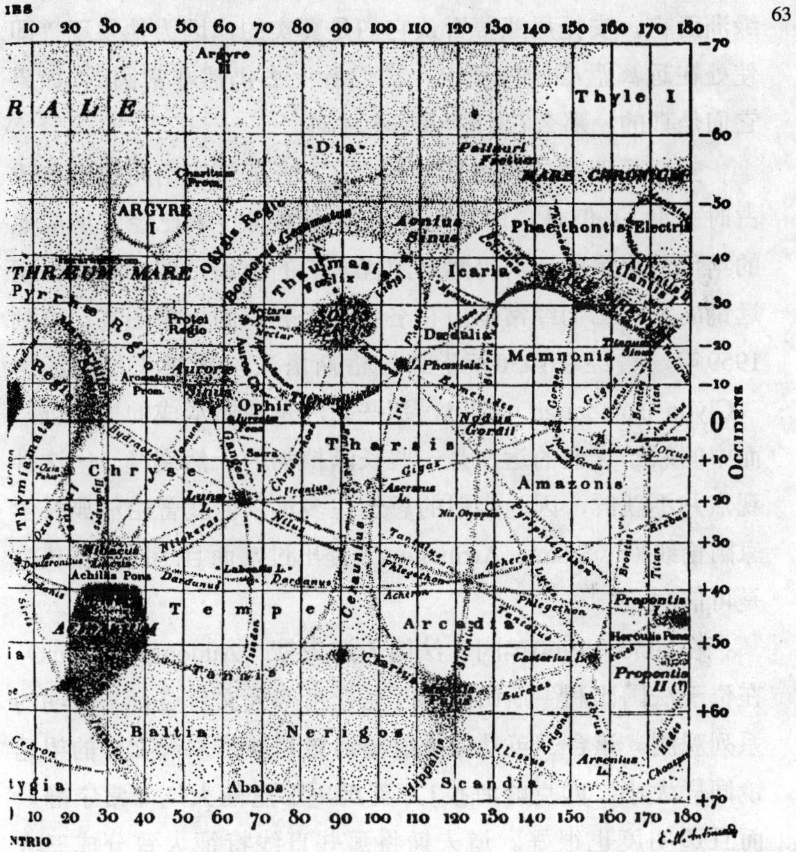

图 4.6 M.＝海；S.＝湾；Fr.＝峡；L.＝湖；P.＝沼；

F.＝泉；R.＝区；I.＝岛；Pr.＝岬

（原文如此。——编者注）

确的，但是我个人以为他仍然有些草率，因为现在也清楚了斯基帕雷利的“运河”同样不存在。安托尼亚蒂毫不犹豫地指出，洛维尔画的其他行星图上也有线性结构，特别是水星图和金星图尤为明显，这些特征同样也是不存在的。就火星绿洲而言，安托尼亚蒂否认它们是真实的，因为他发现“即使处在远离盘心的位置上，它们看上去仍然非常圆。”如果它们是真的，那么它们应该缩小才对。

安托尼亚蒂的观点影响巨大。（他在二战期间法国被攻占时去世。）但是，即使是在火箭探测器技术已经发展成熟的年代，火星的运河仍然是困扰人们的争论话题。利用小望远镜的观测者们经常画出和洛维尔相类似的火星图案。直到1959年，曾经在1930年于弗拉格斯塔夫发现冥王星的汤博（Clyde Tombaugh）提出，那些绿洲是撞击形成的撞击坑，而中间联结它们的运河是一些长满植物的天然裂缝——这种观点并不新鲜，因为类似的思想在多年以前就曾由瑞典科学家阿伦纽斯（Svante Arrihenius）提出过，而且当时仍被认为是可信的。

在1950—1960年间，法国人道夫斯（Audouin Dollfus）在位于法国比利牛斯山区的匹克杜米蒂天文台进行了长期的系列观测。该台24英寸的反射望远镜和洛维尔天文台的望远镜同样大小，匹克峰海拔1万英尺，那里的大气非常宁静，
64 而且透明度也很好。道夫斯将那些直线特征大致分成三大类：宽粗的深色带，细而较为规整的条纹，还有一类则是“运河”，它们像丝线一般，呈黑色，而且看上去就像是人工开凿的。他认为最后一类纯粹是由于人眼的生理局限而产生的，同时在观测条件非常好的时候，宽带和条纹会分解为间断的点和碎块。

可是……让我们再来看看理查德森（R. S. Richardson），这位美国最受尊敬的天文学家在1954年6月4日所做的观测。无论他怎样的努力，理查德森在此之前从未看到过运河，而且坦率地讲，他一直对运河的存在表示怀疑。他的记录很值得一看："我当时在威尔逊山上，使用60英寸反射望远镜进行观测。我的工作是采用不同的滤光片和感光乳剂，对火星进行多次测试曝光，为秋季即将到来的火星大冲做准备。火星当时距离地球7 500万英里…… 我知道一旦火星在目镜中出现，那景象将是极其壮观的。让火星在望远镜中停留一段时间并不困难，我可以仔细观察那些以前仅仅只能猜测的东西。环绕南极极冠的黑色镶边清晰可见……700倍的放大率让我感觉好像是透过宇宙飞船的舷窗看火星。我因为在1954年已经观测过火星，因而对其表面的特征很熟悉，但是今天早晨的火星让我看到了以前不曾看到的罕见的样子。明亮的红色区域上面，覆盖着许许多多不规则的蓝色线条，好像穿行于矿山间的矿脉一般。几分钟以后我才突然意识到这些条纹一定就是运河。我完全被惊呆了，根本没有考虑运河的事情，当然也没有期望在7 500万英里远的地方看到它们。"

他后来补充道："它们看上去一点儿也不像人工的，给人的感觉是一些天然的特征。"这次观测，在某种程度上支持了安托尼亚蒂关于运河的出现是以真实存在的实物为基础的猜想。

在这里，我觉得有必要谈谈我本人的观测，毕竟我从事火星研究已经有60多年了。二战前，我一般使用3～12英寸的小型望远镜进行观测，当然我根本看不到运河（的确，有许多基于这类小望远镜得到的火星图上分明画着运河，但是我丝毫不怀疑这些观测者们的诚实，显然他们是在不知不觉中随着自己的想像在画图，因为人们太容易"看到"潜意识所期待的东西了）。二战结束后，我从英国皇家空军退役并正式参与月图的绘制工作，这使我能有机会使用较大的望远镜，它们大多是折射镜，对于绘制月图这种工作是十分理想的工具。

我系统使用的第一部大望远镜是位于巴黎郊外的麦都天文台（Meudon）的33英寸折射镜，安托尼亚蒂正是用它完成了他的大部分工作。我没有看到哪怕一条运河。随后，我有幸能使用位于弗拉格斯塔夫的洛维尔天文台的24英寸折射望远镜。我永远都不会忘记自己第一次透过洛维尔望远镜看到火星时的激动心情。我看到运河了吗？答案是：没有。我竭尽全力，火星盘面上的精细结构已显露无疑，但是我却根本无法看到运河网络的痕迹。后来，当我使用南非约翰内斯堡的27英寸折射镜时，同样一无所获，即使是使用加利福尼亚帕洛马天文台的60英寸反射镜，我仍然没能看到运河。对我来说，那里根本就没有运河。

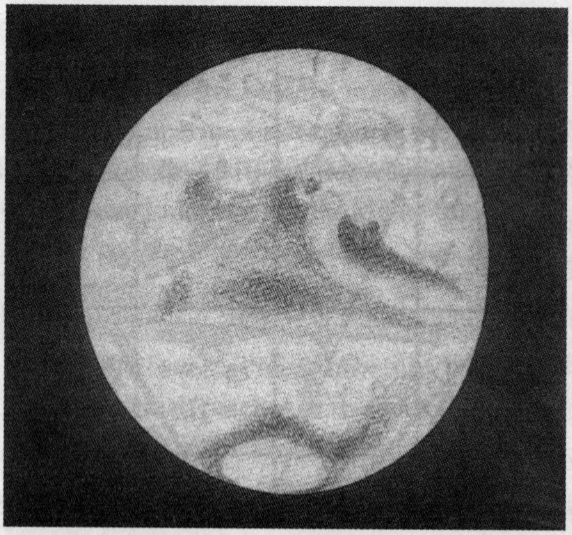

图 4.7　我于 1973 年使用 27 英寸折射镜（世界时 0208－0223，放大率 580）绘制的草图，没有找到任何网状运河存在的证据

对运河网状结构的致命一击来自于1965～1972年“水手号”宇宙飞船围绕火星的飞行。它的观测资料显示了环形山、火山、沟壑和峡谷，还有其他许多东西，但是却没有运河的蛛丝马迹。最后，就连洛维尔最坚定的拥护者都不得不承认，运河不过是眼睛的错觉罢了。

67 那么，运河是否如安托尼亚蒂所设想的那样，跟火星表面某些真实的特征相关呢？我不能确定，所以我决定做一个验证测试。我从一幅现代的由“水手9号”飞船所拍摄的火星图中挑选了一部分，然后在上面按照弗拉马利翁和安托尼亚蒂在1910年所发表火星图的样式添加上运河。我所挑选的区域当中包括了大塞尔提斯平原和红海湾（Sinus Sabaeus），而有些运河则被认为是百分之百存在的，如：肥逊双河（the double Phison）、幼发拉底河（the Euphrates）、亚嫩河（the Arnon）、希底结河[1]（the Hiddekel）以及天神河（the Casius），等等。结果是完全没有相关性，所有这些河中的任何一条都不存在，甚至没有如安托尼亚蒂所说的“实物基础”。在古老的河神湖（Ismenius Lacus）和五彩珊瑚坑（Coloe Palus）上有一些黑色的斑块，但是没有辐射状条纹，而另一块有记录的黑色斑块——薛洛泉（Siloe Fons）看起来根本就不存在。运河只是存在于历史当中。大多数人（也包括我自己）为它们最终被证明不存在而感到很遗憾。但是科学是无情的，长期的争论终于结束了。没有人在火星上看到过真正的运河，因为那里根本没有运河能够让人看到。

① 以上都是圣经中的河流名。——译者注

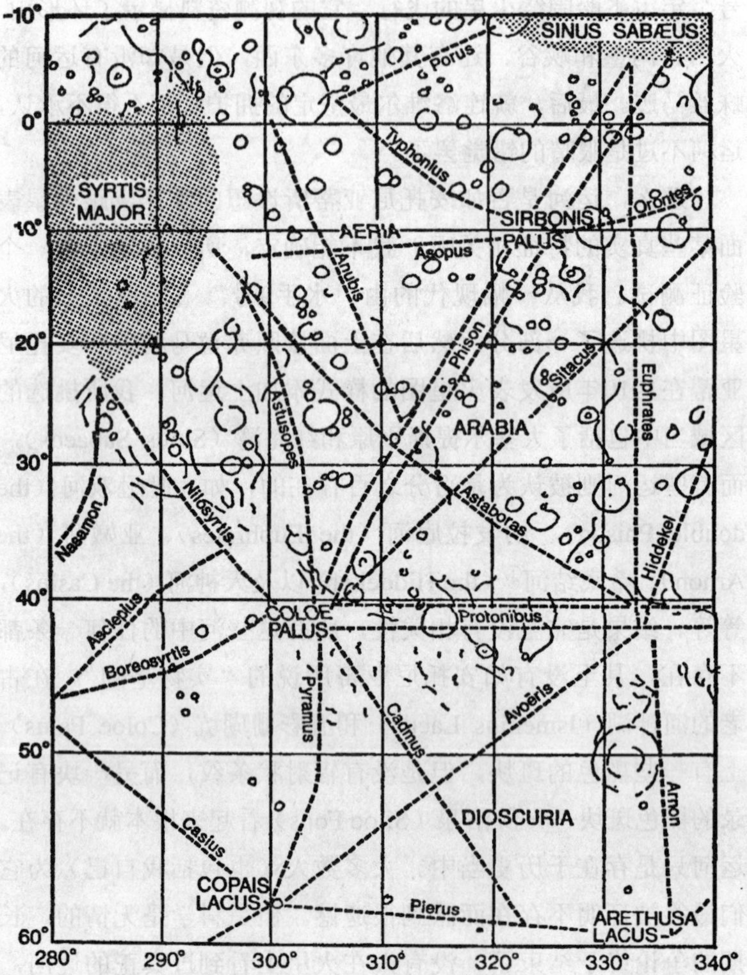

图 4.8　埃里亚、阿拉伯和狄奥斯库里亚地区

细节资料从水手号和海盗号获得，并在其上添加了网状的运河。很明显两者并不相关，运河与任何真实地形不相对应。

第五章　空间时代之前的火星 68

应该说，我们的火星探索故事可以分为许多不同的阶段，每一个阶段都有合理的良好定义。这些阶段分别是：（1）初期，即1830年以前，那时只知道那些最主要的特征，也就是说：黑色区域、赭石色地带以及白色极冠，等等；（2）1830—1877年，这一阶段的火星地形图，至少理论上已经比较准确而且望远镜也发展到足以帮助人们看清火星上比较重要的细节；（3）1877—1909年，在这一阶段，对火星运河的研究颇为流行，许多天文学家追随洛维尔认为，火星上可能有智慧生命；（4）1909—1965年，这一时期，运河和火星人的理论已经基本被否定，更为先进的探测技术为我们提供了更为可信的信息；（5）1965年至今，此时，无人空间探测器使我们最终有能力揭开火星的真面目。

最后一阶段始于火星空间探测计划的首次成功。1965年6月“水手4号”探测器环绕火星飞行了6 200英里，其间发回地球逾20幅近距离拍摄的火星照片，从照片上可以看到火星大气比以往人们所预计的还要稀薄。在此之前，几乎每个人都相信那些黑色的区域是大片的植物区，但是仅仅在与火星首次近距离接触后很短的时间里，这种理论很快就不得不扔进科学的垃圾筐。总而言之，火星并不是我们长久以来所想像的那个样子。所以，让我们来回顾一下空间时代之前的那段日子，看看我们的观念是如何改变的。有些老的思想是正确的，然而其他的差不多完全就是错误的。

首先，让我们来谈谈火星大气。在18世纪以前，有关火星大气的存在与否从来没有被真正怀疑过。直到1785年，赫歇尔（William Herschel）这样写道：“火星上并非没有可观的大气。除了它表面上那些恒定的斑点；我常常在高纬地区发现有一些部分明亮的条带时隐时现，有一次看到的则是黑
69 色的带。对于这样的变化，我们除了归因于云团千变万化的排列以及火星大气中水蒸气的流动外，难以有更好的解释……。‘那儿有’一定数量的但是浓度适中的大气，所以那里居民的生活环境和我们地球有着许多相似之处。”

正如我们所注意到的，根据每秒3.1英里的逃逸速度推算，火星的大气比较稀薄。人们尝试了许多年，试图能够测量火星的地面大气压。不幸的是，所有人们用过的方法都遭到了诸多质疑，在空间时代到来之前这个问题不可能得到解答。其中一种研究气压的办法是，测量不同区域的亮度随着距离火星子午线远近的变化规律，因为我们要能看到位于火星边缘的那些特征，就必须透过比看盘面中心时更厚的大气层。1939年，法国勒郝嘉天文台的万柯勒尔（Gérard de Vaucouleurs）做了很长系列的估计，然后得到结论说，火星地面的大气压约为7厘米汞柱，或者是90毫巴多一点，而我们地球海平面的平均大气压为960毫巴。人们还采用了其他许多方法。既然所有用过的方法现在看来都过时了，我想就没有必要一一详细介绍了，但是把其中一些测量值列出来还是挺有趣的：

1934　巴拉巴斯科夫（N. Barabaschev）（苏联）50毫巴

1940 巴拉巴斯科夫（N. Barabaschev）（苏联）116毫巴
1941 夏洛诺夫（V. V. Sharonov）（苏联） 120毫巴
1944 西婷斯卡娅（N. Sytinskaya）（苏联） 112毫巴
1945 万柯勒尔（G. de Vaucouleurs）（法国）93毫巴
1948 海斯（S. L. Hess）（美国） 80毫巴
1951 道夫斯（A. Dollfus）（法国） 83毫巴
1960 欧匹克（E. Öpik）（冰岛） 116毫巴

除了万柯勒尔早年的估计，人们普遍达成共识，即火星的大气压在80～120毫巴之间，相当于高于海平面11英里处的地球大气压。请记住，即使珠穆朗玛峰的海拔也没达到6英里，所以就算火星大气是由纯氧构成的，对于我们这样的生物仍旧是无法生存的。顺便说一句，地球上的压力计在火星上使用时，很明显需要重新校调。

至此我们将得到一个非常重要的结论。如果火星表面的 70
大气压是85毫巴，那么当火星的温度高于华氏100度时，就会有液态水存在。当然，只有极少数人才相信在火星上可以找到水，但是在理论上水的存在并非是不可能的。进一步讲，火星较低的引力意味着其大气密度将随着高度的升高而降低，但降低的幅度比地球大气要缓慢得多。在18英里以内的区域，火星和地球的大气压基本相同，但是在海拔更高的区域，火星大气实际上要比地球大气稠密一些。

随后，新的技术投入了使用。有迹象表明：火星的大气压比80毫巴低得多。最后起决定性作用的是“水手号”的探测资料。火星上各处的大气压均低于10毫巴，当1976年“海盗号”在火星上降落时，其测量报告显示：火星表面的大气压低于7毫巴。1960年以前的那些估计值的误差因子在10以上。

对火星大气成分的估计更为糟糕。在“水手号”升空以前，人们研究火星大气成分惟一可行的方法是依靠分光光谱仪。火星是依靠反射太阳光而发光的，所以从本质上讲，火星的光谱实际仅是减弱很多的太阳光谱。但是到达我们地球的那束光线两次穿过火星大气，一次是从太阳到火星，另一次则是被火星反射到地球。如果有氧或水蒸气存在，它们应该会在我们看到的光谱上留下明显的痕迹。这种分析对于其他气体同样适用，但是氮气不包括在内，因为地球大气78%是由氮气构成的，在这种情况下，如果在可见光光谱中发现有氮气的存在，则很难说清楚它的来源。

首次认真的测量是很值得褒奖的。麦都天文台的创始人詹森（Jules Janssen）（天文台大门外面的广场至今仍被称为詹森广场）在1879带着自己的仪器设备，登上海拔9 800英尺的安特纳峰（Mount Etna）研究火星的光谱。这样就避免了需要穿过厚厚的底层大气观测的麻烦，这些底层的大气里面含有大量的氧和水蒸气，成分非常复杂。詹森的研究结果显示：火星大气至少含有丰富的水蒸气。伟大的英国光谱学先驱哈金斯爵士（Sir William Huggins）和德国的瓦格尔（Hermann Vogel）证实了这一结论。这样，这一观点就得到了承认。

71
詹森研究方法的重点是比较火星和月球的光谱。两者都依靠反射太阳光发光，不同之处在于月球完全没有大气，所以两者光谱间的任何差异都可以被解释为来自于火星外围的大气影响。詹森的推断非常合理，但是他所使用的设备在今天看来却相当简陋，时至今日我们不得不承认他的结论是靠不住的。

1933年，在加利福尼亚威尔逊天文台工作的亚当斯（W. S.

Adams）和达恩汉姆（T. Dunham）又向前迈出了重要的一步。他们使用的设备比詹森的要敏感得多，而且他们“进攻”的战术也不同。发光体的运动会影响光谱中谱线的位置，这就是著名的多普勒效应（Doppler effect）。如果发光体正在靠近，那么谱线就会向短波方向或是光谱的“蓝”端移动；而如果发光体正在远离，那么谱线就会向“红”端移动。当火星朝向我们运动时，火星大气中的氧线就会发生蓝移，而我们地球大气中的氧线则不受影响。依据这种方法，理论上可以分离出两组线，从而推断火星大气中是否存在氧。

结果非常有趣。亚当斯和达恩汉姆寻找氧线的努力彻底失败了，他们这样写道：“在海拔相同的区域，火星大气中的氧含量还不足地球大气中氧含量的千分之一。”随后的一些研究也同样不成功。1947年，另一位美国人柯伊伯（G. P. Kuiper）声称他探测到了二氧化碳的踪迹。在瑞士山区少女峰工作的道夫斯于1963年宣称火星大气中确实含有水蒸气，但是他默认火星大气的主体是由氮气构成的。这并不奇怪。就体积而言，我们大气的78%是由氮气组成的，21%是氧气，剩下1%的其他气体，其中最主要的是氩气。二氧化碳仅占0.03%。

从历史学的角度，我不能不提由几位美国天文学家在1960年提出的理论，这几位天文学家分别是C. C.凯斯（C. C. Kiess）、卡瑞尔（S. Karrer）和H. K.凯斯（H. K. Kiess），他们相信火星大气中存在着有毒的氮氧化物，火星的极冠是由固体四氧化氮不断沉积而成的，而火星的红色则是过氧化氮作用的结果。并没有很多人同意他们的这种理论，而且如果
这一理论真的是正确的，那么我们在火星上安家落户的梦想 72
将永久地成为泡影。幸运的是，我们现在知道这个理论是错误的。

就火星大气这个问题，“水手号”飞行前的最佳“官方”分析与它的可能性之间没有多少关系。最终，万柯勒尔总结了前人和自己的研究结果，列出火星大气可能的成分如下：98.5％的氮气、1.2％的氩气、0.25％的二氧化碳和不足0.1％的氧气。

如果这个结论是正确的，而且火星表面的大气压在87毫巴范围以内，那么至少那些低等生物可以在火星上存活。很不幸，空间探测器的分析结果表明万柯勒尔的分析完全是错的。二氧化碳占据了火星大气的95.3％，氮气的含量为2.7％，氩气的含量为1.6％，剩余不到1％的其他气体。从我们地球人的角度看，火星大气真没多大用。在白天，火星大气贮存阳光热量的能力非常差（尽管热量适中），所以到了夜晚，那上面确实非常寒冷。即使是在盛夏的赤道附近，火星的温度仍然会降到我们在地球上无论如何也遇不到的低温，比南极的气温还要低。事实上，火星对于大一点的天体毫无防备能力，作为短波辐射的保护屏障，火星大气的效率比我们的大气要差很多。除了含有少量的水蒸气，夜间的火星大气和土星的非常接近。风速可能会很高，但是在那样稀薄的大气中，风没有多大的威力，所以火星上的风暴在我们地球人看来算不得什么。

人们关心的另一个问题是所谓的“紫层”现象，虽然我们现在知道它其实并不存在，但是整个故事非常有趣，很值得我从头至尾仔细道来。

光可以被看做是一种波，不同波长显示不同的颜色。在可见光波段，红色具有最长的波长，而紫色的波长最短，两者之间依次是橙色、黄色、绿色和蓝色，任何一个看到过彩虹的人都很熟悉这种排列。火星的大气并不算厚，但它对于短波竟然是不透明的，这就很奇怪了。在正常情况下，在蓝光或紫光下拍摄的火星照片是模糊的或略微放大，因为这些光束根本到不了火星表面，所有我们能拍摄到的只是火星大气的上层部分。在红光下拍摄的照片则可以毫不费劲地穿过那些屏障记录下火星表面的细节，例如：黑色区域以及极冠，等等。

就短波而言，人们认为有种什么“东西”在充当屏障，73
而这种“东西”是会变化的。有些时候它会消失得干干净净，但是此后它又总是会回来。这表明似乎存在一个确定的物质层，它对于短波是不透明的，这种物质层我们就称之为“紫层”。但并不是因为它是紫色的——其实根本就看不到它——而是因为它能够阻挡紫色或蓝色的光束。

“紫层”理论最早是由在弗拉格斯塔夫工作的拉姆普兰德（C. Lampland）于1909年发表的。可是直到1937年，“紫层”才被认为是永久存在的东西。但是，当时另一位非常著名的火星研究者斯利夫（E. C. Slipher）发现，在“紫层”消失的间隙，“短波可以完全穿过大气直达火星表层，然后再穿越大气层出来。”利用弗拉格斯塔夫的设备，斯利夫拍摄了成百上千张火星照片，始终得到如下结果：当“紫层”消失时，利用蓝色或紫色滤光片拍到的照片，跟通常情况下利用红色或黄色滤光片拍到的照片同样清晰。

有些时候“紫层”只是局部消失，有时它的消失又是全球性的。大范围的“紫层”消失发生在1937年5月、1939年7月、1941年10月、1943年12月，还有就是在1954年和1965年的大冲期间。根据万柯勒尔的记录，在最后的那一年，“紫层”消失从8月25号持续至9月3号。“紫层”的局部消失出现于1958年，另外还出现在1964年和1965年。

各式各样的理论被提出以解释“紫层”现象。其中一个被广泛接受的理论是：“紫层”是由一些直径约为0.3～0.4微米的冰晶构成的（1微米相当于1厘米的万分之一）。这一理论是由柯伊伯和海斯提出的，他们两人对“紫层”的消失都有记录。他们这样写道：“紫层”中含有大量的冰晶颗粒，温度仅仅上升几度就足以使冰晶不经过液态，而直接从固态转化为气态，即所谓升华现象。这种理论至少解释了“紫层”的突然消失，但是它也存在着许多重大的缺陷。比如，1963年万柯勒尔研究了火星在紫外波段的光谱：冰晶在紫外的反射应该很强，但是火星的紫外光谱却并非如此。

还要指出的是：如果“消退”真的与冰晶的突然消失有关，那么我们不得不这样假设，即认为整个火星的温度上升得很剧烈，而且不均匀。然而，这样的设想显然不太合理。另一个问题是：冰晶是由固体的二氧化碳构成的，这将使“紫层”的透明度在任何情况下都比实际观测到的还要差。

74 欧匹克（E.J. Öpik）在1960年提出，“紫层”可能来源于细小的炭黑颗粒，他认为吸收短波的物质有一部分是这些炭黑颗粒，另一部分是灰尘。“消退”发生于灰尘的平静期，所有的灰尘颗粒处于静止状态。很不幸，1956年的大“消退”发生时，正赶上剧烈的沙尘暴。捷克的天文学家林克（F. Link）提出了新的理论，他相信“紫层”颗粒是一些聚集于火星大气外层的星际尘埃。（顺便说一句，火星上确实可以看到流星雨，因为火星的大气虽然稀薄，但是也足可以担当天然的屏障。闯入我们地球大气层的流星体由于和空气粒子摩擦而燃烧，通常在海拔40英里以上的高空就燃烧殆尽了，而这一高度的地球大气密度要比火星表层大气的密度低得多。）

在这些研究当中，海斯（S.L.Hess）1941年的工作无疑最为引人注目，当时“消退”持续了好几天。他说道，通常“紫层”可以保护火星表层不受短波辐射的侵害，就像保护我们地球并且使得生命得以存在的臭氧层一样。（但是我需要强调的是，没有人真的相信包围火星的“紫层”与臭氧有关。）在“紫层”消退期，整个火星完全暴露在短波的狂轰滥炸之下，这也就意味着火星上的任何一种生物体将受到伤害。在那个时代，人们仍然坚信火星上诸如大塞尔提斯平原的黑色区域的形成乃是因为覆盖着某种植物，这种植物只有在水分充足的时候才会生长。当时人们认为，在火星的春天，极冠的冰逐渐融化，释放出的水蒸气从极点向着赤道方向飘移，从而产生了植物经过严酷的寒冬后慢慢复苏的“暗波”。海斯在1941年发现，在“紫层”消退期间，暗波的运动循环也随之停止，直到“紫层”重新形成，一切才又恢复正常。这一发现似乎不仅证明了火星外层确实有天然屏障的存在，同时也证明了黑色区域的确是与某些活的并且仍在生长的生物体密切相关。

上述理论听上去很有说服力，但是后来证明它也是错的。“紫层”根本就不存在。“消退”现象的出现，是由于火星大气尘埃对阳关散射的相位效应的作用，这一效应降低了在短波范围内观测到的明亮区域和黑暗区域间的对比差异。不过“暗波”到底又是怎么一回事呢？

“暗波”曾经被认为是一种特定的现象。作为法国最杰 75
出的行星研究专家之一的万柯勒尔，通过他本人在1939年火星大冲时的观测，对这一现象做了详尽的描述，当时的观测条件非常好，火星的南极正好冲着我们地球的方向。“黑色区域离南极越远，暗波开始的时间也越晚；简言之，我们看到的暗波流是从南极开始蔓延的。火星的冬季结束时，暗波从南纬60度附近的极冠的边缘产生，在仲春时到达赤道，然后越过赤道进入北半球继续前进，在南半球的春季结束前最远到达北纬40度，行程历时130天，共穿行3 800英里，每天大约走29英里。” 万柯勒尔的记录非常精确，但是不同观测者的说法大相径庭，因此人们逐渐产生了怀疑。

战后，当我能够使用功能强大的望远镜时，我不遗余力地追逐着“暗波”。但是，我彻底失败了。当然，黑色区域在颜色上、偶尔形状上确实会有微小的变化，但却没有任何系统性的规律变化。至此，人们普遍接受的“暗波”和“紫层”一样，连同曾经的运河都是不存在的。

就我所知，人们观测火星云已经有很长的历史了。最早是在1808年，弗劳吉尔格斯（Honorè Flaugergues）首先提到了它们。火星云通常分为黄色和白色两大类，虽然现在我们知道黄色的云其实是沙尘暴，但是这种分类仍然是正确的。

火星上最有意思的特征是位于大塞尔提斯平原南部的环形希腊湖，在过去的地图上被称为洛克伊尔平原。有时候它显得异常的明亮夺目，所以很容易被误认为是一块新的极冠，但在许多时候它则显得暗淡无光。人们曾经认为它是覆盖着皑皑白雪的高耸山脉。今天，我们已知道它原来是一块盆地——事实上，它是火星上最深的一块盆地——有时它会被云朵完全遮盖而显得非常明亮。局域的白云随处可见，同样也可以看到朝霞和晚霞。火星高层大气中也存在着冰晶云。但从我们在地球上看，它们并不明显。不过，在1998年降落于火星表面的“探路者号”探测器拍到了这些冰晶云清晰的照片。

“黄色云”有时是局域的，但是我们也曾看到猛烈的沙
76 尘暴不断扩散，最终覆盖整个星球，盖住了那些我们所熟悉的表面特征。沙尘暴通常发生在高纬度地区，在火星接近近

日点并且表面风速最强劲时发生得最频繁。看上去似乎是：当风速超过某个临界值（每秒150～300码）时，火星表面的物质颗粒就好像被鞭子抽打了似的飞扬起来，不停地跳跃，术语称做“沙暴”。跳动的颗粒不断撞击火星表层，迫使更小的颗粒进入大气，它们将在那里停留长达数周，最长甚至可以达到数月。

在1909、1924、1929、1941、1956和1971—1972年的火星大冲时，人们观测并记录了大规模的沙尘暴。1909年的那一次尤为强烈，安托尼亚蒂得益于麦都天文台33英寸的折射望远镜，对那次沙尘暴做了详细的纪录。他在1924年也做了观测，在8月做了如下记录：“整个火星被黄云所笼罩，呈现出好像木星似的奶酪般的颜色。”我自己不可能观测那次沙

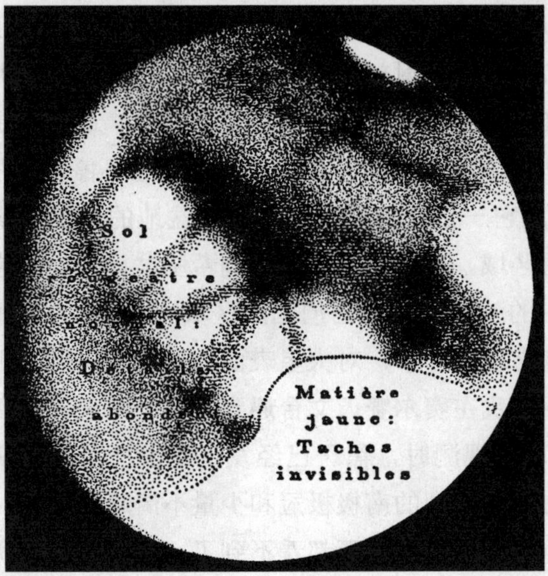

图 5.1　笼罩在三叉湖及其周围地区的大片的黄云，安托尼亚蒂于1929 年 8 月 23～27 日观测（$8\frac{1}{2}$英寸反射镜）

尘暴，因为当时我还只是个小孩子，但是后来我看到了1956和1971—1972年发生的那几次沙暴。我在1956年做了长期的
77 观测，当时火星距离地球是历年来最近的一次。用我自己的$12\frac{1}{2}$的望远镜，在整个8月和9月初可以看到那些熟悉的特征。（那次大冲发生于9月10日。）但是，早在9月2日，就已经可以明显地看出有些不对劲了。极冠正不断变得模糊，直到9月8日我仍可以看到它，但我也意识到我的望远镜难以满足我的观测要求，所以我接受了麦都天文台的邀请。在那里，我在9月12日极佳的条件下对火星进行了观测。火星的盘面几乎什么也看不见，并且持续一周多的时间。极冠重新出现是在9月19日，但是直到10月中旬，沙尘暴才完全平息。

在此以后出现的全球性沙尘暴是在1971年。那次沙尘暴发生于9月中旬，罗伯茨（Gregory Roberts）使用位于约翰内斯堡的27英寸的折射望远镜首次拍到了它。在位于弗拉格斯塔夫洛维尔天文台的观测者报告说，沙尘暴最开始是从约有1 500英里长的条状中心不断向外扩散，它不停地扩张，直到9月27日。它一直延伸到著名的希腊盆地的东部边缘，覆盖了大片的区域。当时，我仍能看到希腊盆地，但是它已经失去了苍白的颜色，不比它周围的区域亮多少。9月28日，我按照它们常有的样子，对火星表面的黑色斑块做了很好的标记，接下来我在赛尔赛天文台遇到了两个阴天。当我在10月1日重新可以观测时，黑斑已经发生了很严重的形变。我所能看到的仅是模糊的南极极冠和少量不清晰的阴影。在随后的一周内，我连这些东西都看不到了，直到12月底所有的一切才重又显现出来。可那时火星已经离地球相当远了，即使没有火星尘土的遮盖，其表面上的细节无论如何也很难看清楚了。

这次难得一遇的沙尘暴正好发生在一个有趣的时刻，因为当时美国的探测器“水手9号”刚好到达火星附近，正运行在距火星很近的轨道上。这是第一次能够对这一现象进行仔细的研究，以前早些时候的“水手（4、6、7）号”探测器仅仅只是和火星擦肩而过，可惜俄国人就完全没赶上这种好运气。当“水手9号”接近火星时，除了有限的几个点外几乎什么都看不到，我们现在知道那些点是巨大的火山的山顶，从周围模糊的背景中脱颖而出。只有当沙尘暴完全停止时，火星才显露出的它的真面目，我们也就第一次看清了火星的地形。

我们已经知道，沙尘暴发生在火星运行至近日点或是接近大冲时。下次沙尘暴将发生在2003年，火星约在8月30日到达近日点，同时将在8月27日最为接近地球。如果到时竟 78
然没有沙尘暴发生，那么将令我感到非常奇怪。当然了，当火星每次经过近日点时都会掀起沙尘暴，但是如果当时火星距离大冲太远，即使我们可以获得哈勃空间望远镜的观测数据（它比所有地面望远镜所得到的结果都要精细得多），我们想要研究火星的沙尘暴仍然不容易。

下面，让我们来讲讲极冠的故事，当它们位置正好时，可算是整个火星上最为引人注目的特征。故事说到这儿，需要回到1666年，看看卡西尼（Giovanni Cassini）当时所做的观测。他曾经很清楚地看到火星表面的那些斑纹并且把它们画了下来，他也看到了两极地区覆盖着明亮的白色冠盖，所以非常容易让人觉得它们被冰雪所覆盖。极冠的大小变化随季节更替而循环，处于冬季半球的极冠达到最大，反之在夏季时最小。

据说，惠更斯在1656年所画的一幅草图中就包含有极冠，但是老实说我并不这样认为。因为图上所画的仅仅只是一道昏暗的穿过整个盘面的条带而已，看上去好像是视觉效应的结果。不过，惠更斯在1672年的确看到了南极极冠，随后所有的观测者对极冠均有记录。实际上，当它们处于最佳位置时，根本不可能被忽视。正如马拉第（Giacomo Maraldi）早在1719年就指出的那样，极冠中心和地理极点并不重合，而且它们根本就不一样。南半球较大的温度变化范围表明，南极极冠可以变得比它的北极同伴更大；但是同时，在盛夏时它也会比北极极冠缩得更小。最新的测量显示，南极极冠缩到最小时，其中心距离极点250英里，但是北极冠的中心和极点的差距仅有40英里。隆冬时节，南极极冠可以延伸至南纬45度的地方。

早期的观测者，像卡西尼和马拉第，极少提及极冠的性质，而且除了看看它们的盈亏变化外，不愿做更深入的研究。赫歇尔比他们走得要远，1784年他提出极冠是由冰雪构成的。如果仅仅因为地球的两极也是由这些物质组成的，那么他的论点是非常符合逻辑的。许多年来，从没有人真正怀疑过这一冰雪理论，它一直盛行至火星前空间探测时代到来才结束。安托尼亚蒂曾经断言：“赫歇尔的理论是正确的。”

当时并不十分清楚冰冻层的厚度，因为人们相信一块厚
79 厚的冰冠将会融化，并将向大气中释放出大量的水蒸气，甚至比实际可能的数量还多。当天气逐渐变得暖和时，极冠开始不断缩小而且减少得非常迅速；但是，与此同时的光谱测量结果却显示：火星大气极其干燥。一块厚厚的差不多400万平方英里的极冠（就像南极极冠通常的大小），当它融化时将会使得大气明显地变得湿润，不过从来没在实测中观测到这种现象。最近是在1954年，万柯勒尔（Gérard de

Vaucouleurs）这样写道："极冠的厚度不会超过几个英寸，许多天文学家对它不屑一顾，认为它不过是一堆沉积的白霜，在这种情况下火星的极冠根本不能和我们自己的南极洲和格陵兰相比。"同时也存在这样的猜测：在大气压很低的情况下，极冠的消退很可能与物质的升华（从固体直接转化为气体）有关，而不是因为传统的融化。

人们为通过盈亏的周期性变化研究极冠而付出了无数艰辛的努力。人们发现，当极冠开始缩小时，它的外边缘首先会变得不规则。以南极极冠为例，当它缩小时会产生出两条黑色的裂缝，即南方缝（Rima Austrailis）和狭窄缝（Rima Angusta），随后极冠的边缘开始扭曲变形，致使一片亮白色的区域被单独留了下来，看上去似乎脱离了极冠主体。斯基帕雷利在1877年观测到了这一现象，他将那片白色区域命名为"极北之岛"（Novissima Thyle）。1911年，英国天文协会火星组的观测者们在当时的组长安托尼亚蒂的带领下，在"极北之岛"因极冠消退而脱离主体前就对它进行了观测，在极冠中它看上去是一个闪闪发光的小白点，在极冠主体不断缩小并将它孤单地留下以前，它变得非常灿烂而突出。在季节循环的最后阶段，"极北之岛"自己常常会在最终消失前分裂为一些更细小的颗粒。有一些被称作"米切尔山脉"的区域，最先是由米切尔（O.M.Mitchel）于1845年在辛辛那提观测到的，它们是一些当极冠变小时在南纬73度附近出现的孤立的小点，但是它们往往不超过一个星期就消失了。通常人们猜测：这些明亮的斑点和"极北之岛"一样，它们之所以能被看到，是因为当周围较薄的区域逐渐融化或升华时，它们表面的冰雪层仍然能够维持较长的一段时间。

北极极冠的变化和南极类似，这儿同样有外观规则而突出的白色区域——奥林匹亚。对于每一个极冠而言，秋天的到来是以浓厚的白雾为标志的。这些雾有时会显得非常亮，以致人们会把它们误认为就是极冠本身，它也会遮挡我们的视线，让我们无法看到真正极冠的增长过程。

80 另一个引发大量争论的现象是，所谓的“洛维尔带”现象。在他写的名为《火星及其运河》一书中，洛维尔阐述了关于极冠有可能是固体二氧化碳的理论。他这样写道：“当气压为一个大气压或更低时，二氧化碳会很快地从固态转化为气态，另一方面，如果是水，则会徘徊于中间状态——液态。现在，当火星极冠融化时，在它周围环绕的一条深蓝色的条带也随它一起消退，并且和极冠缩小的速率相当。……因此，以“蓝色缎带”为标志的极冠融化说明我们看到的并不是二氧化碳，所以就只剩下一种已知的选择，就是水。”

如果那条带是真实的，那么洛维尔的观点在理论上是对的，因为湿地看上去要比干地显得更黑一些，而且二氧化碳的沉淀也不可能出现深蓝色的条带。但是，如果条带不是真的呢？没有人怀疑“洛维尔带”是否看得见——我自己就常常观测它——但有没有这样的可能性：条带的出现，仅仅是由于白色极冠和周围暗得多的边缘物质间的强烈对比而产生的呢？安托尼亚蒂就是这样想的，所以在1930年他写道：“洛维尔带”不过是幻觉罢了。当时他已经确认“洛维尔带”并不存在，只是对比效应的结果，它并不遵从透视定律，而且也无法被拍摄下来。”（但是，安托尼亚蒂也写道：“火星极冠的亮度在边缘处有可能因为丛生的灌木和杂草而被削弱。”这些话在现在看来像是天方夜谭。）

争论持续了许多年，它们当中的某些交锋还相当激烈。大众的观点是：洛维尔可能是对的，而安东尼亚蒂错了。直到1939年，万柯勒尔在勒豪迦天文台进行了长期的观测并且得出结论：即使把所有的对比效应都考虑在内，“洛维尔带”都将显得极暗，惟一的解释就是它是真实存在的。此后，柯伊伯写道：“我在1950年极佳的观测条件下，利用位于得克萨斯州麦克唐纳天文台的82英寸的望远镜对‘洛维尔带’进行了观测，我发现它很黑……它的轮廓毫无疑问是真的，宽度并不恒定，而且它的边界是不规则的。”

在极冠融化时，在其边缘处就连临时的湖泊或者沼泽都被认为可能出现，那么道夫斯认为“洛维尔带”不过是著名“暗波”的一部分就很自然了，“暗波”在当时被认为是一种季节性变化的现象。但是，极冠到底是不是真的由冰雪构成的呢？

“火星的极冠并不是由二氧化碳构成的，其主要成分肯 81
定是在比0度低得多的低温下形成的冰霜”。柯伊伯在1949年所写的这段话在当时无论如何也不会引起怀疑。极冠由固体二氧化碳构成的思想最早是在半个世纪前由两个英国天文学家朗亚德（A.C. Ranyard）和斯通尼（Johnstone Stoney）提出的，但是还没有得到广泛的认可，到了20世纪50年代它差不多被人们丢到了遗忘的角落，更不用提会有多少人支持凯斯（Kiess）那毫不吸引人的固态四氧化氮极冠的理论了。整个问题看起来多少已经有了定论。

现在来看，人们后来看法的转变颇为奇怪。早期的水手号从1965—1969年飞越火星后得到的观测结果当即引起了轩然大波。冰雪构成的极冠很快被摒弃了，相反，固体二氧化碳被认为是更为可能的答案。随后在1976年，“海盗号”发射升空，再度引发观念的改变。

我们现在清楚了，在火星的两极处都有一个残留冠，其上又覆盖着一个季节性变化的固体二氧化碳冠。火星的秋天来临时，大气中的二氧化碳逐渐聚集浓缩，在两极的上空形成云团，有效地阻止了我们观测极冠增长的情况。这块大“围巾”消失后，下面的极冠也随之显露了出来。随着春天和夏天的来临，温度不断升高使得季节性极冠逐渐消失，只剩下被盖在下面的永久的残余极冠。

两个极冠其实并不相似，因为两个半球的气候不一样。北半球的季节性冠比它南半球的同伴要更小更黑一些，因为在它沉积的时期，正值火星的大气中含有大量的尘土，这些尘土随二氧化碳一起附着在火星的表面，而在南半球极冠的形成期，火星中灰尘的含量要少得多。北极的残冠是两个残冠中较大的一个，它的直径约有600英里，而南极残冠仅有220英里。由于两个半球的温度不同，所以可以预言南极冠是两个极冠中温度较低的一个，它的温度可以降至零下110℃以下，而北极冠的已知最低温度为零下68℃，这一温度比二氧化碳的冰点温度要高得多，但是在含有少量H_2O的稀薄大气中，这个温度离水的冰点并不太远。最终，南北两残冠在成分上存在很大的不同。北极的残冠几乎都是由水冰构成的，而南极的残冠则是由水冰和干冰混合而成的。

82 二氧化碳在形成季节性极冠的过程中，会从大气中不断聚集并沉淀出去，必将导致地面大气压明显的降低，这一现象是由1976年降落于火星表面的“海盗号”探测器首先测定的，我将会在以后更多地谈到它。

那么，极冠的厚度如何呢？人们不再怀疑残冠的真实性。从最先的普遍认为极冠不过是一层层薄薄的威化似的冰霜到如今，我们走了很长的一段路。有件事是可以肯定的。因为它的低气压，火星上没有液态的水，但是至少将来的移民们将会有许多的冰可用。从这方面看，火星要比月球更为适宜人类。

除了极冠，还存在更重要的关于表面特性的问题。对于那些赭色区域的争论向来很少，它们通常被称为沙漠［有记载表明，这个词最先是由匹克瑞（Pickering）在1886年提出的］。倒不是说火星上的沙漠真和撒哈拉沙漠一样，有绿洲、有椰树甚至还有骆驼穿行，不过洛维尔确实做了火星上某些区域和亚利桑那彩色沙漠的颜色对比，二者的相似程度的确非常惊人。于是，人们猜想火星大气中原有的氧气和其表面的岩石相结合而形成氧化铁层，换句话说就是：铁锈。正如威尔特在1934年所说的那样，如此一来就同时解释了火星的赭红色和大气中自由氧的稀少含量。

简单的基于望远镜的观测对于上述问题的解决帮助甚微，但是本世纪①最伟大的行星学家莱欧特（Bernard Lyot）在1920年左右的火星大冲时，深入研究了这个问题。莱欧特的研究方法是分析比较分别来自火星和月球的光。他也研究了灰色、棕色和蓝色的火山灰的混合物，由此他得出结论说，火星和月球的表面都主要覆盖着一层火山灰。随后，美国的柯伊伯、法国的道夫斯以及其他一些人的工作，让人们普遍接受那些彩色的矿物是霏细岩或褐铁矿②。至少，这个理论得到了空间探测器的证实，于是我们终于第一次有了不用淘汰的传统理论。

但是，凡是假设火星表面只有微小起伏的人都错了。我 83

① 指20世纪。——译者注

② 为那些对化学感兴趣的读者，特说明如下：霏细岩是由正长石（钾、铝、硅合物）和包裹于内部石英颗粒组成的一种岩石，而褐铁矿则是含水氧化铁的沉积物，其分子式为：$Fe_2O_3 \cdot 3H_2O$。——原注

不能继续坚持，但是万柯勒尔在1950年时说："如果火星上真的有山脉的话，那么它们不可能超过5 000或6 000英尺高，从外形上看肯定更像古代的高地而不是醒目的一连串巨大的山峰。"可是这些话和"水手9号"以及"海盗号"所显示的高耸的火山群完全不符。另一个错误是：猜测那些黑色区域是古老的低洼海床，后来发现它们当中的某一些，也包括著名的大塞尔提斯平原，其实是高原。

就这些暗区而言，最早的针对原始海洋理论的挑战似乎来自于斯基帕雷利。那是在1863年，他指出那些黑色区域并没有像一片水应该出现的情况那样反射太阳的影像［很久以后，一位俄国的行星天文学家费什科夫（V. Fesenkov）计算出任何一片大于300码的水域并不遵从上述规律］。随着时间的推移，海洋理论被淘汰了，更多的人相信利埃兹（Liais）的理论，认为黑色区域是大片的植物。匹克瑞（Pickering）在黑色区域中发现的诸如赭色沙漠等细节似乎为上述理论提供了证明。经过在某些暗区轮廓上不可忽略的修正，其他观测和极其著名的（但是在我看来应该算是声名狼藉的）"暗波"理论符合得也不错。

其中一块形状会变化的被斯基帕雷利称为太阳湖的斑块，是块长500英里、宽300英里的椭圆形区域，其长轴位于东西方向。马拉第在1704年画下了这块斑纹，从我们所拥有的不太完全的记录看，这块区域直到1926年前都没什么变化，但是就在那一年，人们发现它的长轴变为南北方向了。那一年的晚些时候，安托尼亚蒂用麦都天文台的望远镜观测，他把它画成3块独立的区域，中间的一块被一座深色的"桥"与其他两块隔开。到了1930年，所有的一切才又重归正常，椭圆的长轴又转回到了它原先的东西方向。在1939年出现了新的变化，有一段时间太阳湖看上去是由许多通常只出现于暗黑区域的小黑点构成的。我在过去的30年中常常会观测这块区域，对于是否真的发生过变化我有些怀疑。太阳湖也不是惟一的会变化的暗斑。

曾有人报告暗斑的颜色也会发生改变。除去“暗波”的因素，人们发现暗斑的颜色会出现季节性的变化。不同观测者得到的结果不尽相同，安托尼亚蒂曾经说过：大塞尔提斯平原在冬季显蓝绿色，而在初夏显棕色，同时洛维尔天文台的卡本（C.F.Capen）在1964—1965年间写道：“大塞尔提斯平原的颜色从蓝绿变到绿蓝……阿西达利亚海（Mare Acidalium）从冬季的草灰色和棕色变为春季的深灰和蓝灰色，其中包含有灰绿色的绿洲……到了春末夏初，阿西达利亚海变成了极深的

84

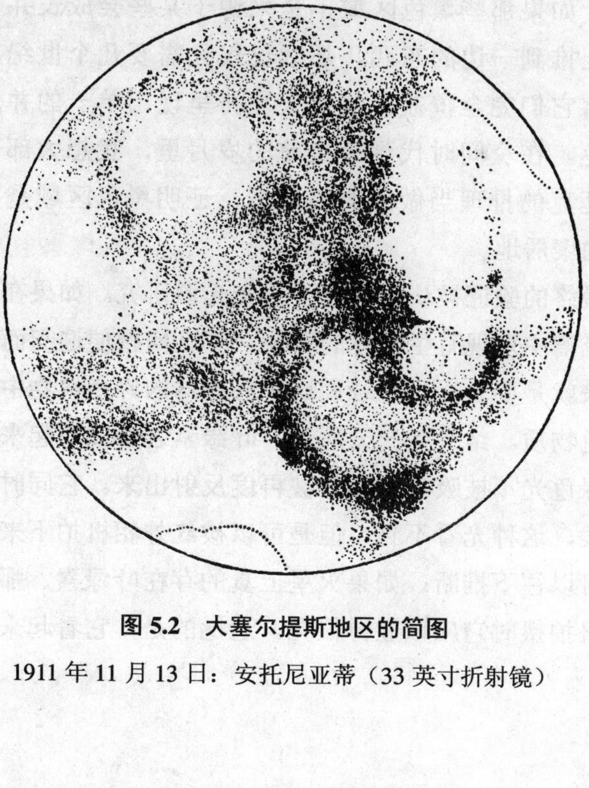

图 5.2　大塞尔提斯地区的简图

1911 年 11 月 13 日：安托尼亚蒂（33 英寸折射镜）

灰色，中心是黑绿色的，镶嵌有大块的灰绿色的绿洲”。（当然，使用“绿洲”一词仅只是为了沿袭传统，绝非意味着又回到了洛维尔所谓的火星人时代）。

很明显，当目标非常暗弱时，根本不用指望仅用肉眼就能做高精度的颜色分辨。对此我完全没有发言权，因为我必须承认，在那些黑色的区域上我没能看到任何真实的色彩，但是我也并不认为自己的眼睛特别敏感。

关于火星植物理论，欧匹克在1950年提出了他独创性的意见。我在这里提到它，是想把它当做一个经典的例子，
85 即某种理论表现得太具说服力以至于不可能是真的，而该理论在后来确实被证明是彻头彻尾地错了。欧匹克提出：火星上的风速是很可观的，而且会出现大规模的沙尘暴。所以，如果那些黑色区域不是来源于某些会成长并且可以将沙土推到一边的东西，那么仅仅只需要几个世纪，沙子就会将它们完全覆盖，最终火星将呈现出单一的并且均匀的颜色。在空间时代到来之前的岁月里，我想大部分人都把欧匹克的推理当做确凿的证据，证明黑色区域是某些生物体的聚居地。

最终的验证被认为来自于分光光谱研究。如果在黑色斑块的光谱中发现有生物体的存在，那么问题便迎刃而解了，接下来就是要去探测叶绿素这种在地球的许多植物中都含有的绿色物质。结果是一无所获。叶绿素之所以看起来发绿是因为绿色光不被吸收，而是被再度反射出来。它同时也反射红外线，这种光看不到，但是可以被红外相机拍下来。由此我们可以往下推断：如果火星上真的存在叶绿素，那么用红外相机拍摄时它应该显得很亮。遗憾的是，它看起来仍然非常暗。

另一方面，苏联的迪克霍夫（G.A.Tikhoff）——他是后来被称为“天文植物学”的这门新兴学科的奠基人——在1960年提出，并非所有的植物体内都能找到叶绿素，火星黑色区域的光谱应该和地球上生活于严寒地区的植物光谱相比较，例如西伯利亚的苔原。经过一长串的试验以后，他认为，虽然找到叶绿素将肯定地证明火星生物体的存在，但是找不到叶绿素也并不意味着火星上没有生物。在1939年的一段时间里，美国人辛顿（W.M.Sinton）所拍到的光谱被认为的确显示了生物存在的痕迹，但人们很快就发现其实是错误地解释了他的观测结果，于是整个问题又重新引起了广泛的争论。所以，去猜测火星生物体的细节是毫无意义的，因为无论如何也无法证明它们的存在。有人认为可能存在苔藓，还有人认为会有未知的有叶类植物存在。但是真正能说的就是：火星上能够存在的任何生物必将处于非常低级的状态。

许许多多的理论被提出来试图绕过生命问题，以解释那些黑斑。其中一个是来自瑞典的1912年的诺贝尔奖得主阿伦纽斯（Svante Arrhenius），他认为黑色区域覆盖着大量的易受潮的盐类。盐容易吸水，所以一旦它们从极冠融化形成的水蒸气中吸足了水就会很快变黑。这个理论后来多多少少被人们遗忘了，直到1947年由法国的道威利尔（A. Dauvillier）重 86
新提出，然后再度被否定，主要是因为火星的大气中似乎没有足够的水蒸气，使得化学反应的发生没有哪怕半点可能。

下面要谈到的是一种完全不同的想法，它是由美国密歇根大学的麦克劳林（D.B.Mclaughlin）提出的。麦克劳林在1954年发表的一篇论文称：黑色区域不是别的，而是火山灰，它们从活火山中喷发而出，随风飘散到各处。在讨论了火星和地球的大气循环的比较，并特别论述了火星和地球的信风后，他接着写道："类似大塞尔提斯平原这样的特征：将其相当尖锐的一端指向风里，它们实际就是那些黑色物质的源头，黑色物质不断地从这些点中涌出，因为风向的变化而呈扇状铺开。如果我们把思路仅仅局限于在地球上我们所经历过的自然现象，那么这些点源将只有一种惟一的解释：它们实际就是火山，其火山灰随风飘散而形成我们看到的各种不同的图案。"

反常的变化来自于异常的猛烈喷发。麦克劳林认为，在1926年形成太阳湖的那次喷发的规模，至少和1883年的喀拉喀托火山喷发相当，或者比那次还要剧烈。他的整个想法确实富有创意。但是换个角度看，在火星这样的地方是否真的有活火山却很值得怀疑。

甚至，到了20世纪60年代初，人们开始怀疑那些黑色区域究竟是否真的是洼地。雷达观测的结果显示：它们当中的某些部分其实是高原。事实上，到目前为止没有任何东西是确定的，火星把它的秘密隐藏得很好，只有空间探测器才能揭开它的奥妙。

我们现在知道，那些黑色区域不过是些"反照特征"，稀薄大气中的尘埃被风吹开了，暴露出下面颜色更深的表面物质。它们的轮廓并没有像从地球上看到的那样明显，它们表面的特征和明亮区域毫无二致。事实上，它们根本没有看上去那么重要。

在空间时代到来之前，我们有哪些想法是正确的，又有哪些地方猜错了呢？我们错误地估计了火星的大气，它比我们想像的要稀薄，它的主要成分是二氧化碳而不是氮气。我们对黑色区域的理论也是错误的，它们并不是海床，那上面
87 也没有植物覆盖，而且根本就不是低地。我们最大的错误就

是相信火星上面存在生命。但是在阐述“水手号”或者“海盗号”以及最新发射的探测器——“探路者号”和“环球勘探者号”所得到的结果前，我们从地球上仔细地看看火星也会非常有趣。所以，我请你和我一起，通过望远镜在这颗红色的星球上畅游一番。

第六章　望远镜中的火星

任何通过望远镜第一次看到火星的人都比较失望，因为在望远镜里看到的不过是个上面有着些许黑斑的红色圆盘。如果极冠刚好正对着我们，那我们还将能看到一些白色。小型望远镜能展示的东西更是寥寥无几，即使火星处于大冲位置也无济于事。

今天，借助于空间探测器和哈勃空间望远镜，我们才知道火星的地形原来如此复杂。从环形山到河床，还有其他的许多精细结构，都远远超出了地面望远镜力所能及的范围。但是我必须在此稍作停顿，谈谈两个过去曾被广为讨论的问题。尽管有关讨论十分广泛，但我个人仍然心存怀疑。

1915年，一位非常有经验的行星观测专家麦利什（J. R. Mellish）将他的40英寸的叶克折射镜指向了火星。这是世界上最大的折射望远镜，且其最大地位很可能会一直保持下去。麦利什这样写道："火星看上去非常奇妙。它的表面不是平的，上面遍布许多环形山和裂缝。今天早上，当我用40英寸的望远镜看到许许多多的撞击坑和山脉时，我简直不敢相信自己的眼睛。此时已是日出之后，火星高悬于灿烂的空中。我使用的望远镜的放大倍数为750倍。"随后，麦利什得知一位以好视力而出名的美国天文学家伯纳德（Edward Emerson Barnard），用他的36英寸的望远镜在里克天文台也看到了火星上的环形山，但是他并没有发表他的观测结果，因为他担心人们不会相信并且取笑他。

以上所述感觉上足以令人信服，但是麦利什画的图毁于其天文台的一场火灾，而它们却从未发表。同样，伯纳德的观测也未发表。我们并不怀疑这两位观测者的诚实，但是他们是否真的看到过环形山就是另一回事了。我曾经用叶克折射镜观测过火星，并且也使用过世界上其他的大望远镜，而我从没能看到火星上的环形山。其实，这并不重要。因为作 89
为一名观测者，我要比伯纳德差多了，而且很可能也比不上麦利什。总之，我们必须将那些报告看做是“证据不足”。话就此打住，让我们重新回来看看利用中等口径望远镜所能看到的真实特征。

图6.1是国际天文联合会在空间时代以前绘制的，按照当时的习惯，方向是上南下北。直到20世纪60年代才正式确定为上北下南——这样一来，像我这样的老一代观测者总是被搞得稀里糊涂。对于命名系统也存在同样的问题。安托尼亚蒂修改并且发展了斯基帕雷利的命名系统，在“水手号”上天以前他的命名法一直被广泛采用。命名的原则来自神话、地形和纯天文——比如Syrtis major（利比亚的一个海湾）、第勒尼安海（Mare Tyrrhenum）、Mare Acidalium（真正的“维纳斯之海”①）、Solis Lacus（太阳湖）、月亮湖（Lunæ Lacus），等等。Pavonis Lacus意思是“孔雀湖”，命名取自南半球的孔雀星座（Pavo），Hellas是古希腊的国名，而Nix Olympica的意思则是“奥林匹克雪山”。

唉，这些名字其实都不确切。第勒尼安海并不是海，太

① 传说维纳斯自这片海水的泡沫中诞生。——译者注

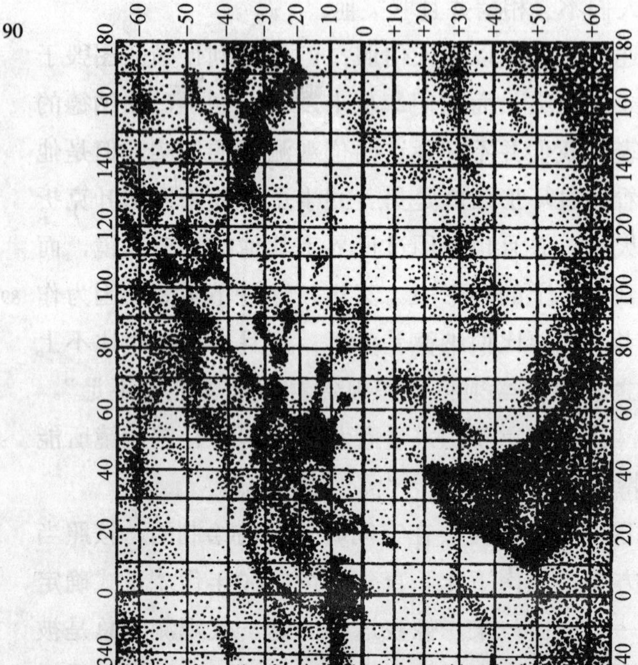

图 6.1 国际天文学会在“水手号”飞行之前的官方火星地图

Acidalium M. (30°, +45°)
Æolis (215°, –5°)
Aeria (310°, +10°)
Aetheria (230°, +40°)
Aethiopis (230°, +10°)
Amazonis (140°, 0°)
Amenthes (250°, +5°)
Aonius S. (105°, –45°)
Arabia (330°, +20°)
Araxes (115°, –25°)
Arcadia (100°, +45°)
Argyre (25°, –45°)
Arnon (335°, +48°)
Auroræ S. (50°, –15°)
Ausonia (250°, –40°)
Australe M. (40°, –60°)
Baltia (50°, +60°)
Boreum M. (90°, +50°)
Boreosyrtis (290°, +55°)
Candor (75°, +3°)
Casius (260°, +40°)
Cebrenia (210°, +50°)
Cecropia (320°, +60°)
Ceraunius (95°, +20°)
Cerberus (205°, +15°)
Chalce (0°, –50°)
Chersonesus (260°, –50°)
Chronium M. (210°, –58°)
Chryse (30°, +10°)
Chrysokeras (110°, –50°)
Cimmerium M. (220°, 20°)
Claritas (110°, –35°)
Copaïs Palus (280°, +55°)
Coprates (65°, –15°)
Cyclopia (230°, –5°)
Cydonia (0°, +40°)
Deltonon S. (305°, –4°)
Deucalionis R. (340°, –15°)
Deuteronilus (0°, +35°)
Diacria (180°, +50°)
Dioscuria (320°, +50°)
Edon (345°, 0°)
Electris (190°, +45°)
Elysium (210°, +25°)
Eridania (220°, –45°)
Erythræum M. (40°, –25°)
Eunostos (220°, +22°)
Euphrates (335°, +20°)
Gehon (0°, +15°)
Hadriacum M. (270°, –40°)
Hellas (290°, –40°)
Hellespontia Depressio (340°, –60°)
Hellespontus (325°, –50°)
Hesperia (240°, –20°)
Hiddekel (345°, +15°)
Hyperboreus L. (60°, +75°)
Iapigia (295°, –20°)
Icaria (130°, –40°)
Isidis R. (275°, +20°)
Ismenius L. (330°, +40°)
Jamuna (40°, +10°)
Juventæ Fons (63°, –5°)
Læstrygon (200°, 0°)
Lemuria (200°, +70°)
Libya (270°, 0°)
Lunæ Palus (65°, +15°)
Margaritifer S. (25°, –10°)
Memnonia (150°, –20°)
Meroe (285°, +35°)
Meridianii S. (0°, –5°)
Moab (350°, +20°)
Moeris L. (270°, +8°)
Nectar (72°, –28°)
Neith R. (270°, +35°)
Nepenthes (260°, +20°)
Nereidum Fr. (55°, –45°)
Niliacus L. (30°, +30°)
Nilokeras (55°, +30°)
Nilosyrtis (290°, +42°)
Nix Olympica (130°, +20°)
Noachis (330°, –45°)
Ogygis R. (65°, –45°)
Olympia (200°, +80°)
Ophir (65°, –10°)
Ortygia (0°, +60°)
Oxia Palus (18°, +8°)
Oxus (10°, +20°)
Panchaia (200°, +60°)
Pandoræ Fretum (340°, –25°)
Phæthontis (155°, –50°)
Phison (320°, +20°)
Phlegra (190°, +30°)
Phœnicis L. (110°, –12°)
Phrixi R. (70°, –40°)
Promethei S. (280°, 65°)
Propontis (185°, +45°)
Protei R. (50°, –23°)
Protonilus (325°, +42°)
Pyrrhæ R. (38°, –25°)
Sabæus S. (340°, –8°)
Scandia (150°, +60°)
Serpentis M. (320°, –30°)
Sinai (70°, –20°)
Sirenum M. (155°, –30°)
Sithonius L. (245°, +45°)
Solis L. (90°, –28°)
Styx (200°, +30°)
Syria (100°, –20°)
Syrtis Major (290°, +10°)
Tanaïs (70°, +50°)
Tempe (70°, +40°)
Thaumasia (85°, –35°)
Thoth (255°, +30°)
Thyle I (180°, –70°)
Thyle II (230°, –70°)
Thymiamata (10°, +10°)
Tithonius L. (85°, –5°)
Tractus Albus (80°, +30°)
Trinacria (268°, –25°)
Trivium Charontis (189°, +20°)
Tyrrhenum M. (255°, –20°)
Uchronia (260°, +70°)
Umbra (290°, +50°)
Utopia (250°, +50°)
Vulcani Pelagus (15°, –35°)
Xanthe (50°, +10°)
Yaonis R. (320°, –40°)
Zephyria (195°, 0°)

图 6.2

91

92

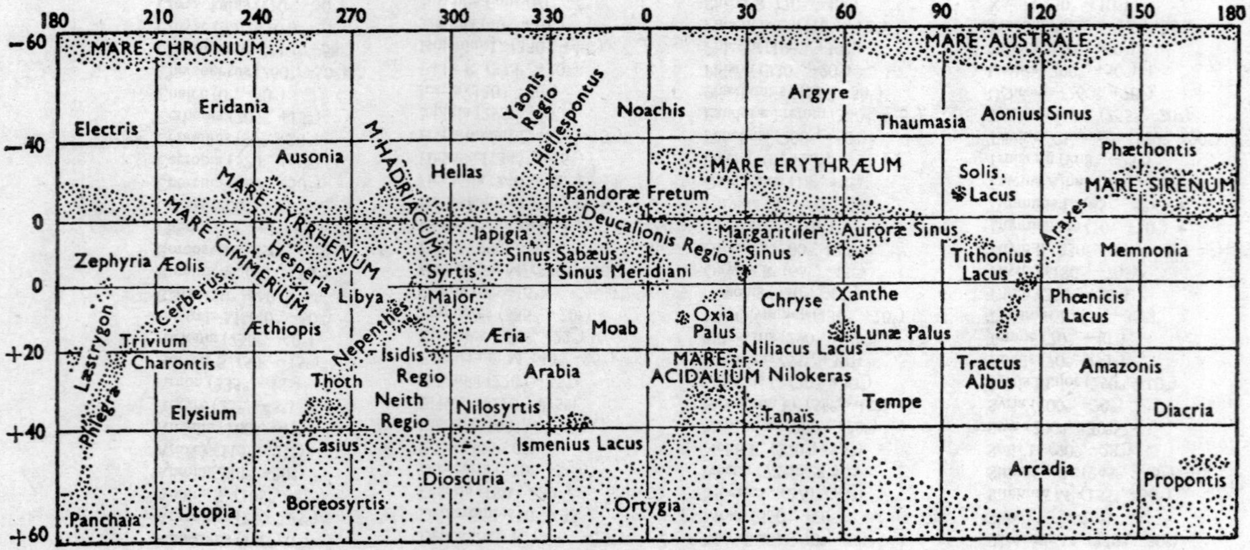

图 6.3　使用我本人的 $12\,^1/_2$ 英寸和 $8\,^1/_2$ 英寸反射镜，由我本人观测绘制的火星地图

阳湖亦不是湖，孔雀火山则是火星上最高的火山之一。于是，在空间探测时代到来之后，整个命名系统被彻底修改，一个新的命名系统诞生了：

Catena 环形山链，一溜儿或一串儿环形山［如：提索尼亚环形山链（Tithonia Catena）］

Cavus 陡峭的空洞［安戈斯蒂洞（Angusti Cavi）］

Chaos 断裂地带中的突出区域［阿罗马顿区（Aromatum Chaos）］

Chasma 极大的线型链［俄斐[1]链（Ophir Chasma）］

Colles 丘陵［第二丘陵（Deuteronilus Colles）］

Dorsum 山脊，不规则延伸的高地［太阳山脊（Solis Dorsum）］

Fossa 沟渠，狭长而浅的低地［闪耀沟（Claritas Fossae）］

Labyrinthus 错综的峡谷，线状沟渠的网状结构（“夜之迷宫”是惟一真正的主要例子）

Mensa 平顶山，小的高地或高原（尼罗河三角洲高地）

Mons 山脉或火山（奥林匹斯火山）

Montes 山脉（极西山脉）

Patera 碟状的火山结构有着凹槽或者贝壳状的边（黎明碟形火山口）

Planitia 平滑而低陷的平地（希腊平原）

Planum 高原，光滑的高地（太阳高原）

Rupes 悬崖［欧吉基斯崖[2]（Oygis Rupes）］ 93

① 圣经中所罗门王远航到达的地方，可能是印度。——译者注

② 名称来源于古代底比斯（或云雅典）的国王欧吉格斯，其在位时发生了巨大的洪水。——译者注

Scopulus 不规则的，退化的悬崖［尼罗河之角崖（Nilokeras Scopulus）］

Sulci 线性沟渠、低地复杂的网状结构［吉戛斯沟（Gigas Sulci）］

Terra 大陆，经常用于命名经典的反照特征（塞壬大陆）

Tholus 半球形丘陵（天王山丘）

Vallis 山谷，蜿蜒的河道，常伴有支流（水手谷）

Vastitas 延展的大平原（北极圈大平原）

反过来再看我的地图，都是依靠我自己的望远镜观测绘制而成的。迄今为止，我所用过的最大的望远镜是一架15英寸的反射镜（1963年以后就不用了）。图中我并未加上那些利用大望远镜看到的细节（主要是用位于弗拉格斯塔夫洛维尔天文台的望远镜），所以那上面所有的特征，任何人只要用类似的设备都可以看到，我也不认为自己的眼睛像鹰一样敏锐。为尽可能地避免混淆，我通常使用新的命名法，但是早期的观测者对于斯基帕雷利的命名法应该更为熟悉。比如，相对于塞壬大陆（Sirenum Terra）而言，人们对火星的塞壬（Mars Sirenum）更熟悉，同时红海湾（Sinus Sabæus）比红海大陆（Sabæus Terra）更为人所熟知。子午湾（*Ainua Meridian*），被用作火星零度经线的标志，现在正式的名字是子午大陆（Meridian Terra）。当然，新旧命名法之间存在着相关联系，只需要极少的检查工作就可以分辨出同一特征在不同命名系统中的叫法。在此列出一些新旧命名法可能会有所帮助。

旧名		新名	
Mare Acidalium	阿西达利亚海	Acidalia Planitia	阿西达利亚平原
Amazonis	亚马逊	Amazonis Planitia	亚马逊平原
Aonium Sinus	奥尼姆湾	Aonium Terra	奥尼姆大陆
Arabia	阿拉伯	Arabia Terra	阿拉伯大陆
Arcadia	理想乡	Arcadia Planitia	理想平原
Argyre	银山	Argyre Planitia	银山平原
Ascraeus Lacus	阿斯喀瑞斯湖	Ascraeus Mons	阿斯喀瑞斯火山
Aurorae Sinus	曙光湾	Aurorae Planum	曙光高原
Mare Australe	南海	Australe Planum	南方高原
Mare Boreum	北海	Boreum Planum	北方高原
Mare Chronium	极北海	Chronium Planum	极北高原
Chryse	金洲	Chryse Planitia	金洲平原
Mare Cimmerium	辛梅利亚海	Cimmerium Terra	辛梅利亚大陆
Elysium	极乐乡	Elysium Planitia	极乐平原
Mare Hadriacum	亚德里亚海	Hadriaca Patera	亚德里亚碟形火山口
Hellas	希腊	Hellas Planitia	希腊平原
Hesperia	西方	Hesperia Planum	西方高原
Icaria[①]	克里特	Icaria Planum	克里特高原
Isidis Regio	珊瑚区	Isidis Planitia	珊瑚平原
Lunea Lacus	月亮湖	Lunea Planum	月亮高原
Margaritifer Sinus	珍珠湾	Margaritifer Terra	珍珠大陆
Meridiani Sinus	子午湾	Meridiani Terra	子午大陆
Nix Olympia	奥林匹斯雪山	Olympus Mons	奥林匹斯火山
Noachis	诺亚	Noachis Terra	诺亚大陆
Nodus Gordii	戈笛点	Arsia Mons	亚细亚火山

94

① 意为伊卡里斯居住的陆地，即克里特。——译者注

续表

旧	名	新	名
Ophir	俄斐	Ophir Planum	俄斐高原
Pavonis Lacus	孔雀湖	Pavonis Mons	孔雀火山
Promethei Sinus	普罗米修斯湾	Promethei Terra	普罗米修斯大陆
Mare Sirenum	塞壬海	Sirenum Terra	塞壬大陆
Solis Lacus	太阳湖	Solis Planum	太阳高原
Syria	叙利亚	Syria Planum	叙利亚高原
Tempe	潭蓓	Tempe Terra	潭蓓大陆
Tharsis	极西	Tharsis Planum	极西高原
Mare Tyrrhenum	第勒尼安海	Tyrrhenum Terra	第勒尼安大陆
Utopia	乌托邦	Utopia Planitia	乌托邦平原
Xanthe	黄金乡	Xanthe Terra	黄金大陆

显然，观测者必须依靠火星相对地球的倾角观测。当南半球倾斜向我们时，大塞尔提斯平原非常清晰，有一溜儿黑色特征穿越整个火星球体——常被称为大光圈（Great Diaphragm）。当北半球呈现在我们眼前时，尽管大塞尔提斯平原也很显眼，但是最醒目的当属阿西达丽亚平原。正如我们已经提到的，南半球在火星大冲时正好斜向地球，这就是为什么在宇宙飞船上天以前，南半球的图总是比北半球的清楚。

现在就让我们开始望远镜之旅吧！最方便的办法是由大塞尔提斯平原开始（我仍有着不太科学的期望，想管它叫沙漏海），它是V字形的，越过赤道一直延伸到北半球。它的轮廓曾有过一些变化，但是它永远是整个星球上最引人注目的特征，当火星处于比较好的位置时，用一架小型的望远镜就可以很轻松地看到它。下面的插图是用我最小的3英寸的折射镜观测后画的。

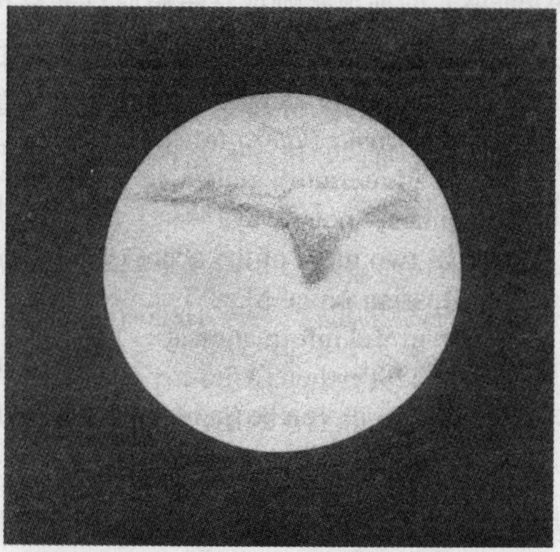

图 6.4　通过很小的望远镜看到的火星

我在 1939 年画下这个简图，使用的是我的 3 英寸望远镜，极冠和大塞尔提斯平原都很容易看到。使用的放大率为×150。

向西是叫做埃里亚的赭色区域，它渐渐地融入阿拉伯大陆当中。向东是珊瑚平原（曾经叫做珊瑚区*Isidis Regio*）。向北走是乌托邦平原，因成为“海盗2号”1976年9月的降落地点而闻名。

大塞尔提斯平原是穿越大半个星体的大块黑斑的一部分。它毗邻一道相当窄但是非常显著的黑色区域，即“红海湾”，它是从一块相似的名为“潘多拉峡”（Pandoræ Fretum）的区域中分离出来的，它们中间相隔一块颜色稍淡的“丢卡利翁区”（Deucalionis）。

在大塞尔提斯平原的南部是火星上最著名的标记之一——希腊平原。它是圆形的，而且几乎没有什么别的特征。［在

“运河”时代，有两条分别叫做珀涅乌斯河（Peneus）和奥菲斯河（Alpheus）的河流被画成穿希腊而过并且构成一个X型，唉，其实它们并不存在啊。］希腊平原的亮度多变。有时候，例如在1967年，它亮得甚至可以和极冠媲美，然而在其他的大冲时期，比如1995年，它却很难辨认。不过，这些变化其实也没什么神秘的。当“希腊”显得明亮时，是因为这块区域上空云团密布。在它和诺亚平原之间的位置上是它的近邻——黑色的达达尼尔区域（Hellespontus），在那上面
96 遍布许许许多多的环形山。不过，在没有空间探测器之前，这些东西我们当然是没指望看到的。在希腊平原以东是亚德里亚碟形火山口（Hadriaca Patera），它和达达尼尔非常相似。（这块区域以前被称为Mare Hadriacum，意为亚德里亚海。）

离开大塞尔提斯平原及跟它邻近的利比亚大陆，往东去是另外两块黑色区域：第勒尼安碟形火山口（*Tyrrhena Patera*，曾经被称为第勒尼安海）和辛梅利亚大陆（也就是辛梅利亚平原），两块平原被颜色较淡的西方高原分隔开，这块高原有时（但并非总是）容易辨认。北端是艾利特莱斯（Electris）和艾利达尼亚（Eridania）两块赭色区域。俄罗斯的探测器“火星3号”的太空舱于1971年降落于此，但是这次降落并没给我们带回来多少有用的信息。

沿着第勒尼安平原和塞壬平原再往北，我们就可以看到“三叉湖”（*Trivium Charontis*[1]）。这块黑色斑纹有时会非常醒目，它曾经被认为是辐射状运河系统的中心，那些运河都有着非常生动的名字：地狱犬（Cerberus）、冥王（Hades）、黄泉（Erebus）以及冥河（Styxs）。其中只有地狱犬是真实

① 希腊神话中将亡灵渡到阴间去的冥府渡神。——译者注

存在的，但是它压根就不是运河。

在这块普通的大地上，有许多浅色的区域，诸如：埃西俄丕斯（*Aethiopis*）、埃塞利亚（*Aetheria*）、极乐平原和珊瑚平原。在老地图上，埃西俄丕斯和珊瑚平原的边界，以一条非常有名的运河为标志，那就是尼潘西斯—透特（Nepenthes[①]-Thoth[②]）运河。在那儿，我看到一条放射状微暗的条纹冲着楔形的黑色天神区（Casius[③]）而去。

现在，让我们再回到赤道。在这儿我们可以看到子午湾（Sinus Meridiani），它伸出两条黑色的角，直指向北方。它曾经被称为“达尔文之角湾”，也作阿莱恩角（Fastigium Aryn），它也是火星零度经线的标志。子午湾从大塞尔提斯平原延伸而出，在观测条件较好时，尽管它并不老是那么显眼并且亮度是变化的，但是用中等大小的望远镜已经可以看到那些角状特征。在子午湾的西边，和它以一块明亮区域相隔的，是形状非常像大塞尔提斯平原的珍珠湾（Margaritifer Sinus），不过它远没有大塞尔提斯平原那样突出。阿西达利亚平原差不多位于子午湾的最北端，它以及它的延伸部分仍被称作“尼罗河之湖”（Niliacus Lacus），不过毫无疑问，这个名字不久以后也会被改掉。阿西达利亚是火星赤道以北最主要的黑色地带，在火星处于远日大冲时，只要它所在的那个半球冲着地球，必将占据观测者的大部分视野。

位于阿西达利亚和珍珠湾之间的是金洲平原，这是火星上在1976年7月第一块反馈信号的地方。它伸入到另一块类似的区域——黄金大陆之中，黄金大陆以西是黑色的月亮高

---

① 希腊语，忘忧草。——译者注
② 希腊神话中的月神。——译者注
③ 宙斯的姓。——译者注

原（在过去被称为月亮湖）。在西北方向是一片赭色地带，诸如：潭蓓谷和理想平原。在老地图上，这两块区域中间有
97 一条运河，名为霹雳（Ceraumius）。现在，运河的故事早已被人们遗忘，但它还是把它的名字转给了一座高耸的丘陵——霹雳山丘（Ceraumius Tholus），它位于火山密集地带极西大陆之中。

在那里我们发现了所有火山当中最大的一座：奥林匹斯火山（Olympus Mons）。还有其他许多火山，分别是：阿斯喀瑞斯火山、孔雀火山、亚细亚火山——也就是曾经的阿斯喀瑞斯湖（Ascræus Lacus）、孔雀湖（Pavonis Lacus）、戈笛点（Nodus Gordii）——也分布于极西地区。所有这些火山在很早以前就有地面观测的记录，探测器的作用变得不那么重要了。即使在火星其他部分被飞沙所覆盖的时候，我们仍旧能看到它们。最好的解释是：这些火山都相当高，足以穿透风沙层而露出来。

在珍珠湾和极西高原之间的黑色斑块是曙光高原（Auroræ Planum），它延伸至偶尔明显的黑色区域——提索尼亚[1]湖（Tithonius Lacus）。在那里洛维尔画了一条名为科普雷茨（Coprates）的运河。“水手9号”探测到了巨型的水手峡谷（Valles Marineris），即使以火星尺度来看，水手峡谷也算是相当巨大的。另一块黑色区域，是位于曙光高原南部的印度洋（Mare Erythræum），它的南边则是和希腊地形相同的银山平原。当云朵填满盆地时，银山就显得非常明亮。云神大陆（Thaumasia[2]）是一块赭色区域，在它和黑色的凤凰湖

---

① 神话人物，黎明女神的丈夫，从其妻处获得永恒的生命，但不是永恒的青春。——译者注

② 云神。——译者注

（Phoenicis）之间是著名的太阳高原（Solis Planum），它非常值得一看。有时候，太阳高原很容易看到，理论上在其他大冲的时候我应该也能看到它。可是，我却完全没能发现它的踪迹。

在西南半球，还有一块非常显眼的黑色区域，那就是塞壬大陆，这块大陆有着喙状的突起，从那儿洛维尔画了一条名为阿拉塞斯（Araxes）的运河，连接塞壬和凤凰湖。不过，这条运河被证明也仅仅是幻觉。位于塞壬南侧的有另一块赭色区域，名为法厄同（Phaethontis），在它的北边是门农大陆平原（Memnonia）和亚马逊平原。最后，我们来看看西北部，紧挨理想平原有两块黑色斑纹，它们分别名为卡斯托里乌斯（Castorius）和小亚细亚海（Propontis），当北半球以一个比较舒服的倾角面向地球时，通常我不用费很大劲就可以看到它们。

两极地区通常很难看到，因此在此对于两极我没有什么可说的，但是我应当提一提靠近南极地区的两块明亮的亮斑：极地岛第一（Thyle Ⅰ）和极地岛第二（Thyle Ⅱ）。类似的，还有位于北极附近向四面八方延伸出去的巨大的北极圈大平原［Vastitas Borealis，曾经被称为北海（Mare Boreum）］。当冬季来临时，它的表面还会覆盖上一层极冠物质。

我需要再次强调的是，这仅仅只是一个非常粗略的介绍，没有涉及任何细节的东西。但是，我希望这样的介绍能够帮助那些拥有良好观测设备的天文爱好者们去辨认火星上那些主要的特征。当然，天文爱好者们对于火星云层的变化、极冠的盈亏更替、沙尘暴的预报以及对于黑色区域异常变化的 98
研究等等都将做出重要贡献。但是，如果希望真正认识火星，我们则需要转向空间研究。1962年11月1日，当首枚空间探测器飞向这颗红色星球时，我们对火星的空间探索也开始了。

99

第七章　飞向火星的任务

不到100年之前，还没有人能乘坐比空气更重的机械在空中漂浮。在某种意义上，奥维尔·莱特在凯帝霍克[①]那一次短暂的、类似跳跃的飞行甚至比尼尔·阿姆斯特朗在月球表面的“一小步”更为意义深远。这两个事件只相隔了67年，实际上，奥维尔·莱特与尼尔·阿姆斯特朗曾有可能碰面，他们生活的年代有部分的重叠[②]。但是，在20世纪早期看来，抵达火星的想法还过于前卫，难以接受。

空间时代从1957年10月4日开始，不是始于呜咽，而是始于一声巨响。苏联发射了第一颗人造卫星“斯普特尼克1号”，这令许多人惊讶不已，而且必须承认，也令人骇异。这颗卫星环绕世界飞行，发回“哔哔”作响的信号，虽然这些信号对某些西方人的耳朵来说微不足道。（一个名叫罗森的美国海军上将，因为宣称“斯普特尼克1号”是“差不多谁都能发射的废铁块”而为自己在历史中谋得一席之地，尽管当时美国的空间计划正处于无助的挣扎之中。）对月球的

---

① 美国北卡罗莱纳州的一个城市，莱特在此完成人类第一次飞行。——译者注

② 当然，我认识尼尔·阿姆斯特朗，在战争初期学习飞行的时候我也见过奥维尔·莱特。我现在还无从验证自己是否已经见过了将来第一个登陆火星的地球人。——原注

探测于1959年随之开始。尤里·加加林在1961年完成他的创举，随后顺理成章地展开了飞向行星的行动。

实际上，俄国人甚至在加加林的飞行之前就曾经做出过努力。可行范围内的行星只有两个：金星和火星，两者中金星被认为更有投下赌注的价值。只是后来我们才发现金星根本不适合人类生存的特征，在1961年的时候，金星的表面仍然被认为对人类适宜，有着广阔的海洋和——可能有——某种类型的生命。俄国人在2月12日发射了一个金星探测器，但它飞出不到500万英里之后就失去了所有联系，虽然它有可能在1961年年中的时候近距离飞过了金星，但我们永远也不会知道，在它身上究竟发生了什么。

这个时候美国的空间计划已经恢复正常，两个金星探测 100
器于1962年夏天在卡纳维拉尔角发射升空。先发射的“水手1号”失败了：有人忘了在计算机里加上一个减号，这导致了一定程度的偏差，以至于“水手1号”一头扎进了大海。它没有留下任何踪迹就沉入了海底，无从寻找。不过，“水手2号”补偿了这一损失：在12月中旬它成功地飞越了金星，从这个在某种意义上相当险恶的世界发回了第一条近距离观察的信息。与此同时，俄国人将他们的注意力转到了火星。

很奇怪，为什么那么多人对空间旅行还抱着完全错误的概念。有一个固执的观点是探测器必须“摆脱地球引力”。实际上这是完全不可能的，也没有必要。地球的引力场随着距离的增大而减弱，但在理论上这个场是无限大的。探测器需要的是加速到逃逸速度，这样引力就不能将它拖回来。达到这一目的的惟一途径是火箭，早在19世纪90年代，俄国一个性情羞怯、有点耳聋的中学教师康斯坦丁·齐奥尔科夫斯基就意识到了这一点。在许多方面他都远远走在了自己所处时代的前面，甚至当他的论文发表在一家默默无闻的杂志上时，也没有引起太多公众的注意。

他认识到主要的问题在于燃料，于是建议采用多级火箭，每一级对前一级产生推力。发射时，由最低一级的巨大火箭提供能量，当火箭燃料告罄时，该级火箭便会脱落，第二级火箭发动机开始运行。第二级火箭燃料用完后，最高一级的火箭投入使用，使探测器进入轨道。从本质上说，这就是所有现代行星际空间飞船的发射方式，尽管整个过程实际上比这要复杂得多。

我不打算就火箭本身说得太多，因为这会大大偏离本书主题，不过我们必须始终记住，火箭是利用艾萨克·牛顿称之为反作用力定律的原理来工作的——这个定律指出，所有的力都有一个大小相同、方向相反的反作用力。一个显示这样的力的最简单的方法是把一个气球充满气，然后放掉。气球内受到压力的气体冲出来，将气球“踢开”，让它在房间里撞来撞去。就火箭的情况而言，气体从排气装置排出，从而使火箭升空。这一原理在真空中表现得最为明显，火箭将自己踢开。可以这样说，大气的存在实际上是一种妨碍，因为它产生摩擦力，并在前进方向上产生阻力，火箭必须将空气推开才能前进。太空舱起飞都比较慢，只有在安全离开了地球大气浓密的部分之后才会加速到最高速度，这样才不会有像陨石那样被烧毁的危险。记住，同样的定律也完全适用于烟花，两者之间最大的区别只是，烟花里火药的位置在太空舱的情况，已被使用液体燃料的非常复杂的发动机所取代。

如果没有燃料的限制，那就完全不需要加速到逃逸速度，但实际的考虑改变了整个状况。我们不可能坐等某个行

101

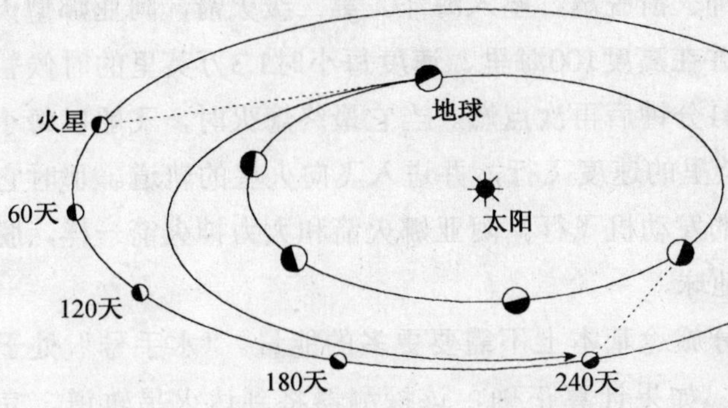

图 7.1 “水手 4 号”飞行路线

星（比如说火星）运行到距我们最近的点，然后直接向它发射一枚火箭。即使完全不考虑行星与地球间无数的其他阻碍，这也意味着在整个旅行中需要耗费能量，而当时我们能建造的所有交通工具都无法携带足够的燃料。我们必须利用太阳的引力，在大部分的旅途中关闭发动机滑行。

地球运行的平均速度是每秒钟18.5英里，约合每小时6.6万英里。如果它运行得再快一点，其轨道就会与现在不同，开始向外移动。如果速度由于某些原因而变慢，则会向内落去。这样，对金星探测器而言，需要把它装在火箭发射器上，然后令其相对于地球速度慢一些，这样探测器就会进入一个过渡轨道，再进入金星的引力范围。而当我们考虑火星的时候，探测器则必须相对于地球加速。

图7.1显示了“水手4号”的路线，因为它是第一个发射成功的火星探测器。“水手4号”于1964年12月28日从卡纳维拉尔角发射。庞大的火箭负载着“水手4号”以几乎令人焦躁的速度庄严地升空：最低一级的火箭——大力神火箭——点燃了发动机，过后不久，两支助推火箭脱落。当任务完成 102

后，大力神火箭脱离，坠入海洋。第二级火箭，阿亚娜型火箭启动，并在高度100海里、速度每小时1.3万英里的时候暂停工作，41分钟后再次点燃。当它最终熄火时，飞船以每小时25 598英里的速度飞行，并进入飞向火星的轨道。那时它将靠自己的发动机飞行。阿亚娜火箭和大力神火箭一样，脱离后落回地球。

大部分旅途基本上不需要更多的能量。“水手号”处于过渡轨道，如果计算正确，该探测器将到达火星轨道，完成与这颗行星的约会。这一事实在正确的时间和地点发生了。两天之后，“水手号”离地球50万英里，它继续滑行，直到1965年7月14日离火星的距离只有6 118英里时。从发射到此时已经过了228个地球日，222个火星日，总共经过的距离大约是3 500万英里，听起来这是一段漫长的距离——就像从伦敦开车经爱丁堡前往伯格纳雷吉斯[①]一样——但从燃料的因素考虑，这是最为经济的路线。

当然，我把事情过于简化了。科学家必须在1964年12月5日进行中途校正：一个命令将被送到探测器并被恰当地执行。另外还有一个“态度”问题，如果“水手号”指向了错误的方向，那么它就不能与地球联系，也无法接收到适当的指令。控制指向的手段是极其精巧的，利用老人星（船底座α）来锁定方向，就像我们平时用太阳定向一样。

我想，要解释这一做法的最好办法，是描绘一个悬挂在一根长长的弦上的重物。它很容易旋转，但另一根大致成直角的弦会使它稳定下来。指向老人星的直线就是“水手号”的第二根“弦”。老人星——全天第二亮的恒星——非常适合

① 英国南部一个海边城市，位于伦敦西南方69英里。——译者注

担任这一角色：它与太阳的相对位置相当合适，而且它的亮度使“水手号”的传感器很容易就能找到它，虽然应该承认还需要经过一天的搜索。这个方法非常成功，甚至在12月进行校正后，一度找不到老人星的情况下，传感器也重新发现了它。成为“水手号”最大外观特征的太阳能电池储存了太阳能，能量没有问题。

“水手4号”单向从火星身边飞过。虽然主要任务已经结束，但它还没有离开太阳系；它将进入一个环绕太阳的稳 103
定轨道，成为一颗小型的人造行星。没有任何理由认为它不会沿着这个轨道一直运行下去，虽然当它的能源耗尽的时候，我们就将失去与它的所有联系。

我详细地介绍了关于“水手4号”飞行路线的一些细节，因为它是非常典型的。不过，就像我们注意到的那样，“水手号”并不是第一个火星探测器。人类历史上首个火星探测器要回溯到1962年11月1日，俄国人在这一天完成了他们堪称先驱的行动。

在早期的空间探索中，苏联人在远距离通讯方面遇到了一点麻烦，甚至直到现在（1998年）他们在火星身上也没什么运气。苏联的第一个探测器，“火星1号”质量很大，差不多有2 000磅重，它明显进入了正确的轨道，一切看上去本来都很正常。“火星1号”选定的飞向火星的路径与其后的“水手号”系列飞船相同，它携带了大量的装备，其中包括数台照相机。

和其他所有探测器一样，“火星1号”也要对行星际空间的情况进行研究。天文学家们曾经——现在仍然——对所谓的太阳风深感兴趣，这一现象是由从太阳喷射出的低能粒子形成的。另外，存在于空间的磁场也有着巨大的理论意义。

宇宙辐射是另一个极需探测器资料的领域，当然，还有关于流星体的诸多问题。就在几十年前，人们还认为，离开地球大气保护的太空舱很可能将立刻遭到成群的小天体致命的猛烈撞击。很幸运，这一危险被证明并不存在。不过，空间中有大量微小的流星体，它们的体积非常小，不会对空间探测器造成负面影响，但可以被记录下来。所有的行星际飞船都会发回关于撞击次数的细节。

到1963年3月中旬，“火星1号”距离地球大约7 000万英里，情况仍然一切良好。然后，突然间，与它的联系中断了，再也没能续上。最可能发生的事情是恒星锁定系统失灵了，所以探测器开始打转，无法继续接受和发送信息。无论如何，它于1963年6月19日在19.3万英里的距离处飞过了火星，几乎可以确定它现在仍在环绕太阳飞行，但没有人知道它的命运会怎样。在“火星1号”开始缄默的那一刻，它已经离地球非常遥远，发出的信号以光速运动，需要12分钟才能抵达地球。

104 按照时间顺序，“火星1号”是第四个行星探测器。更早的飞船有俄国的“金星1号”，它在接近目标之前就失去了联系，还有美国的两个金星探测器：“水手1号”（一个彻头彻尾的失败，刚刚发射就失去了控制，不得不被摧毁）和“水手2号”，后者成功地于1962年12月飞过了金星。在“火星1号”之后，俄国人试图发射另一个金星探测器“探测1号”，但再次失败了。1964年11月间，由于火星被提上日程，空间行动的中心又回到了美国。

两个“水手号”飞船已经准备好了：“水手3号”和“水手4号”。它们的设计完全相同，都能够飞越火星并发回信息，包括图像信息。制造两个探测器的原因主要是考虑到安全的因素。后来的事故表明，这一准备是明智的。

像所有的太空舱一样，发射的时刻非常重要。必须使用尽可能少的燃料，在火星与地球正好位于太阳两侧的时刻发射，这时所要求的速度是最低的。发射的“窗口”，也就是符合要求的时间段相当有限，每两年有几周的时间。极端理想的发射条件是起飞点、太阳和抵达点位于一条直线上，但这很难发生，因为火星的轨道与地球并不在同一平面上。轨道倾角只有1.9度，但这已经足以造成可观的差异。

1964年的发射窗口落在11月。11月5日中午，“水手3号”从卡纳维拉尔角发射。美国人不庆祝盖·佛吉斯日[1]，不过这一天肯定对“水手3号”不大吉利，尽管发射后一开始看起来一切正常，但很快计划者们就意识到这次发射是一场灾难。在最初穿过地球低层浓密大气时，这个精致的太空舱主体受到防护罩的保护，防护罩在通过大气主要部分后应该立刻被抛离。“水手3号”的防护罩却牢固地附着在原处，这一致命的重量意味着速度的降低，所以探测器完全没有希望到达火星。太空舱从发射火箭脱离5分半钟之后被命令伸出太阳板，这是为了可以收集太阳能，以向它的多个装备提供能量。可惜，太阳板也失败了，这样就没有足够的能源。走投
无路的计划者们暂停了“水手号”上的所有科学操作，继续 105
试图让太阳板伸出来。然后决定点燃太空舱本身的发动机，企图将那个可恶的防护罩喷开。在他们能够这样做之前，电

① 1605年，盖·佛吉斯等人计划在议会正式开幕时炸死当时的英国国王詹姆斯一世。他们的计划泄露，盖·福吉斯在11月5日被捕并被处死，而这一天却成了英国传统的烟火节，人们焚烧旧时的人偶和衣服，以资庆祝。

——译者注

池告罄。就所有的目的而言，“水手3号”已经死亡，它还能保持联系8小时34分钟。后来它默默无闻地进入了环绕太阳的轨道，至今无疑仍在围绕太阳飞行。

空间行动的计划者们非常失望。他们找出了问题所在，接下来的探测器据此进行了修改。11月28日，“水手4号”登上了发射台。紧接着进行了常规的准备工作，这一次没有任何意外。防护罩脱落了，太阳板正常工作，美国第一个飞向火星的使者正顺利而确实地处于旅途之中。在接下来的7月14日，与火星碰头的行动开始展开，7月15日刚过格林尼治时间午夜一小会儿，“水手号”达到了与火星的最近距离。根据记录，精确的时间为1：00：57，距离火星表面6 118英里。此时图像序列已经完成，在这一天稍后的一段时间里，我们收到了第一幅图像。

“水手4号”一共发回了21幅火星表面图片，其中的一些几乎是空白，而另一些显示了相当的细节。虽然探测到的部分只占火星表面的1%，其结果已经为天文学家们提供了大量的资料以供思考，而且其中的一张照片——第11张——非常清楚：这张照片显示了亚特兰蒂斯（Atlantis）的一块区域，位于辛梅利亚与塞壬之间，呈现淡黄褐色，显示出一个75英里的撞击坑。当然，存在撞击坑的概念在当时已经建立，并有70多个撞击坑已被记录下来。所有细节都是利用电视技术，或电脑技术对照片进行处理后得到的，没有深入探讨的余地。只需说明，发展的技术多多少少都是新技术，实际上需要从太空舱得到的能量很少：精确地说，是0.000 000 000 000 000 000 1瓦特（如果你不厌其烦的数过0的数目，你会发现一共有18个0）。在空间时代的最初期，这类技术甚至会被认为是完全没有希望实现的幻想，虽然那只是不到10年之前的事情。

当时还有一个明确的目的是要将火星表面与月面进行比较，但即使是在最初的步骤也可以看出，要继续采取这样的分析是不明智的。我很清楚地记得，当被问及火星是像地球还是像月球时，一位NASA的科学家所作的评论。他顿了一下，然后说道：“呃，对我而言，它比较像火星”。这句话是 106
非常恰当的总结。不过也有一些的确非常重要的结论需要立刻得出。首先，火星上黑暗区域和赭色痕迹看起来除了颜色之外没有什么区别，在两种颜色的地方都存在撞击坑。一些撞击坑在著名的塞壬黑暗区域被发现，另一些存在于炎熇平原（Phlegra①）、法厄同（Phaethontis）、亚特兰蒂斯和其他地方。黑暗区域的边界并不像人们所期待的那样清晰。这样说吧，水手号发回的第一张图片最终否定了火星上有植物的理论，这一理论本来被认为即将得到证实。火星的表面地形也并不是单调平坦的，那张著名的第11号图片上的海拔高度估计高达1.3万英尺（当时还没有料到巨型火山的存在）。那时使用的一些参考资料现在已被发现是错误的。人们曾猜测火星的地形结构非常古老，而且腐蚀得相当厉害，这些现在看起来都偏离事实很远。

虽然电视画面质量很高——以1965年的水准，应该这样说——最重要的结果还是关于大气的，大气被发现实际上非常稀薄。测量采取的手段极其巧妙，我们现在一直称它为遮蔽实验。在7月15日凌晨2：19之后不久，亦即达到最近距离接触的两个多钟头以后，“水手4号”飞到了火星的背面。多

---

① 希腊语，意为“燃烧的平原”，是神话中宙斯向提坦诸神降下天雷，帮助赫拉克勒斯的地方。——译者注

说一句，那时已经看不见它了。要在这样的距离从地球看到一只空间飞船，意味着所使用的望远镜需要比我们能建造的最大极限还要强大许多倍。但射电信号很清楚，在“水手4号”被火星遮住前的一瞬间，这些信号在通过火星大气之后向我们传来。信号被干扰的情况提供了关于火星大气组成和密度的可靠线索——3：13脱离火星遮蔽的时候，是又一次观测机会。遮蔽本身持续了一又四分之一小时，在此期间，信号在火星大气影响下产生的干扰，出现在遮蔽前的两分钟以及结束后的两分钟。

遮蔽发生在火星受太阳照射的一面，处于在地图上被命名为艾利特莱斯（Eletris）和极北（Chronium）的两个区域之间，位置为南纬55度、东经177度。当“水手号”从火星夜面部分脱离遮蔽时信号再度出现，脱离的具体位置是阿西达利亚平原（阿西达利亚海）上空，北纬60度、西经44度，正好在当地日出之前。这次访问的时间的确很短，而且不可能有第二次机会。

107 坦白地讲，天文学家对得到的结果感到沮丧。看来火星地面的大气压力不超过4～7毫巴，大约是地球海平面处大气压力的1%。主要成分是较重的二氧化碳气体，虽然氩也曾被认为可能在火星大气中占据相当的比例。这个结果导致了朗亚德－斯通尼理论的复苏，该理论认为火星极冠的主要成分是干冰而不是水冰，直到1976年“海盗号”行动之后才发现水冰的存在。

“水手4号”完成了制造者们所期望的所有任务，甚至更多。现在当然已经失去了它的踪迹，但无疑它仍在环绕太阳的轨道之中，我们对它目前的路线可以十分肯定，尤其是在1966年曾再次与它取得短暂联系的情况下。“水手4号”每

587天环绕太阳一周，近日点距离1.025 31亿英里，远日点1.460 29亿英里，和已经死寂的“水手3号”可能的轨道没有太大不同。无疑，“水手4号”在天文学史上将占据光荣的一页。

我只需稍微提到俄国的“探测者2号”，这是另外一个准备飞过火星的探测器，比“水手4号”晚两天发射，但再次失败了。它很可能于1965年8月6日以1 000英里以内的近距离经过了火星，但在那之前很久它的信号已经停止。之后过了很多年，俄国人才再次做出类似的努力。在此期间，航天事件发生在离地球近得多的地方。阿波罗计划投入实施，许多人将永远记得，第一名宇航员于1969年7月登陆月球。在尼尔·阿姆斯特朗在月面静海那令人永难忘怀的“一小步”之后仅仅几天，就有了更多的火星的消息。这次是来自“水手6号”和“7号”。（如果你纳闷“水手5号”去了哪里，那我就解释一下：它是一个成功的金星探测器，在1967年10月飞过金星。但在本书内我们并不关心它。）

“水手7号”比它的先行者晚5周发射，但只用了130天就到达了火星，而“水手6号”用了156天。它们经过的距离分别是1.97亿英里和2.41亿英里。轨道是现代与传统结合的运送模式：每个探测器只需要一次中途校正。只有一次严重的警报发生在旅途的尾声——1969年7月30日。“水手6号”距离飞过火星还有不到7小时的时间，“水手7号”在其身后不远，当所有情况看来都在控制之中的时候，没有任何征兆，“水手7号”突然“陷入沉默”。位于南非哈比斯普特（Hartebeespoort）的深空探测站报告了信号的丧失，这一情 108
况被确信是由于探测器遭到足以毁灭它的大陨石的撞击。而且，“水手7号”的老人星导航系统失灵，这被解释为它失去联系的原因所在。幸运的是它还能接收到地球的命令，老人星也重新被传感器锁定，这样才又接收到它的信号。人们发现它有大量的损伤，但都并不严重。轨道被轻微地修改了，离火星最近的时刻比最初预计的时刻晚了10秒钟。经过超过4个月的旅行，这个差距可以说是微不足道的！最终，从“水手7号”得到的电视画面被证明比“水手6号”反映了更多的细节。

由于实际上离火星仍有一段漫长的距离（在某些情况下大大超过50万英里），两个探测器都拍摄了大量的远距离图片，这些图片出色地显示了南极的极冠，虽然在极冠边缘并没有任何明显的阴暗地带。同样被显示出来的还有一个明亮的环——奥林匹斯火山［Olympus Mons，以前叫做奥林匹斯雪山（Nix Olympica）］，这个火山曾被斯基帕雷利和其后所有观测者观测到，虽然在1969年这两个探测器都未能指出它实际上是一个15英里高的火山。我想，正是这些远距离的图片给了洛维尔的运河理论最后的致命一击。

“水手6号”一共拍摄了50幅远距离图片和25幅近距离图片；“水手7号”的这个数目分别是93幅和33幅。两个探测器拍摄的图片所覆盖的区域不尽相同，因为“水手6号”是从火星赤道附近的上空经过，而“水手7号”观测的中心则相当靠近南部。图片中显示的区域包括塞壬大陆、红海湾、子午湾、丢卡里翁区域（Deucalionis Regio）和希腊平原。图片分辨率大大好于“水手4号”。部分是因为技术的改进，部分是因为1969年的飞船更为靠近火星，离火星表面最近时仅有2 200英里。

我们没有任何必要对探测器的轨道做更进一步的细节说明。在拜访火星之后，两个探测器都继续在一个环绕太阳并相当靠近太阳的轨道上运动，成了微小的人造行星，只要指出这一点也就足够了。大致来说，行动的结果和预期相当符合。大气的低浓度被确定下来；“水手6号”报告说子午湾区域的气压是6.5毫巴，而“水手7号”在达达尼尔凹地（Hellespontica Depressio）只得到了3.5毫巴的结论，所以6.5毫巴也不能完全说是令人沮丧。赤道地区中午时分的温度可以升至60华氏度[1]，夜晚则降至–100华氏度。“水手7号”完成了南极极冠区域的温度测量，发现最低温度为–190华氏 109
度，非常接近于二氧化碳的冰点。这一点被认为是证明极冠由干冰而非水冰构成的有力证据。

在最为有趣的地形特征中需要重新审视的一个是希腊区域，它不再被认为是高地，而被归类为盆地。事实上无法看到它内部的任何细节特征，不过鉴于它周围全都是遭受过密集撞击的区域——包括达达尼尔凹地——我们可以这样认为。撞击坑同样也在覆盖着白色极地沉淀物的区域被发现，特别的，有一张关于两个成对撞击坑的图片非常引人注目，这对撞击坑立刻有了一个外号，叫做“巨人的脚印”。

在水手号飞船飞越火星之后，一种反对进一步探索的论调占了上风。从近距离观察到的20%火星表面看来，火星有三种地形：被撞击区域；被称为“混沌区”的区域，包括很少的撞击坑和大量复杂的山脉；还有很少见的光滑表面，希腊地区就是一个很好的例子。天文学家们倾向于认为火星是一个相当阴暗、死气沉沉，没有什么能够打动人的有趣特征

① 华氏度：华氏温标的标度。华氏温标规定在一个标准大气压下，纯水的冰点为32度，沸点为212度，32度至212度之间均匀分成180份，每份表示1度。1华氏度=$\frac{9}{5}$摄氏度+32。——编者注

的世界，甚至有人说火星的表面比预期中还更加近似于月球。

这两个“水手号”飞船多多少少扑灭了关于紫层的想法；没有任何的痕迹可以为这个想法提供佐证。飞船进行了搜寻火星磁场的行动，但只得到了否定的结论。实际上我们现在的确知道，火星有磁场，但非常微弱，“水手号”的仪器无法探测到。

还有另外一个因素。由于当时占统治地位的观点认为火星极冠几乎完全由干冰组成，大气也几乎肯定主要由二氧化碳组成，所有关于任何形式的火星生命的可能性都退居幕后不再被人们谈论，特别是在明白火星上黑暗的部分并非植物的痕迹之后。我一直在想，接下来的两个“水手号”飞船——“水手8号”和“9号”的发射计划得到了出色的改善，以至于完全没有人想要取消它们，这是多么幸运的事情。

我们现在知道，完全是因为坏运气，1969 年的飞船飞过的是整个火星最缺乏观测价值的一些地区。它们错过了火山、河床和裂谷，所以它们给出的火星印象与真实的面貌背道而驰。这并不是计划者的错，但的确使我们愚蠢地过早得出结论。在不到三年的时间里，我们所有关于火星的理念都注定要被颠覆。

第八章 “水手9号”及其他火星探测器 110

我们对火星进行直接探索的故事可以分为好几个阶段。首先是飞过火星的探测器，自1962年并不成功的“火星1号”始，至1969年表现完美的“水手7号”终。接下来出现的就是“登陆者”们了，最初的尝试是1976年的“海盗号”系列。从那以后直到最近的火星“探路者号”和火星“全球勘探者号”之间，是一段漫长的沉寂，其间夹杂着几次失败的尝试。我在附录4中给出了所有飞行器的列表——无论失败与否。我们已经讨论过了飞过火星的探测器，现在来看一看登陆的情况。

登陆火星的努力开始于1971年的太空舱，共有四个：美国两个、俄国两个。它们的目的各不相同。美国的探测器打算进入近距离轨道环绕火星飞行，并尽可能详细地绘制火星表面地图，当然同时也要获取大量多方面的信息。苏联的计划者们则更具野心：他们希望实施软着陆，并直接从火星表面取得样品。

实际上，四个太空舱中只有一个获得了成功。这就是“水手9号”，它从另外三个探测器失败或近于失败的经验中汲取教训而得到了改进。的确，在“海盗号”计划之前，“水手9号”是我们关于火星的所有可靠信息的源泉，我必须在某些细节上讨论它，所以先从其他三个太空舱说起会比较方便。

这也非常合乎逻辑，因为“水手9号”实际上也是在这四个飞行器中最后一个发射的，虽然在到达的顺序上它是第一个。

“水手8号”，1972年5月8日从卡纳维拉尔角发射，根本就没有抵达目的地。“大力神—半人马”发射火箭的第二级火箭未能点燃，探测器划出威风扫地的弧线落入海洋，坠海的地点大约在波多黎各西北面350英里，就此寿终正寝。

然后轮到了俄国人，他们的火箭于5月19日将“火星2号”
111 送上天空，紧接着是28日的“火星3号”。通常，发射的进程在没有出现任何故障时才会继续实施。两个探测器都被投入了正确的轨道，预计将在6个月之后抵达火星。纯属偶然，它们是发送到火星的最重的探测器。每一个的质量都是10 250磅，而“水手9号”只有2 150磅。

俄国的这两个飞行器由两部分组成：一个轨道飞行器和一个登陆器。基本的想法是把这两个组合的飞行器投入到环绕火星的轨道，然后在适当的时间将轨道飞行器与登陆器分离，让后者经过火星大气降落到地表。在此期间，部分依靠火箭的反推力，部分依靠降落伞来降低下落的速度，以保证最终能足够轻柔地落到地面，避免受到损坏。与此同时，轨道飞行器继续在稳定的轨道上飞行，充当登陆器信号的替续器，并同时完成它自身的考察任务。关于这个过程我在谈到“海盗号”的时候会讲得更多，所以这里没有纠缠细节的必要，特别是在这两个俄国的飞行器都没有正常工作的情况下。

“火星2号”在1971年11月27日进入接近火星的轨道，在此之前它已经飞行了2.92亿英里。进入轨道前，“火星2号”发射了一个太空舱，这一太空舱后来降落在希腊地区西南大约300英里处，纬度-44.2度，经度213.2度。太空舱携带了一面苏联国旗。它是否还携带了其他物品不得而知。不管怎样，该探测器的登陆行动并未采集到任何科学信息，这次实验无功而返。不过，那面小旗的确是降落到火星上的第一个人工物体。（就好像俄国的“月亮2号”是落到月球上的第一个人工物体一样，那是在1959年9月，现在看来真是很久以前的事情了！）

12月2日，“火星3号”追随它的先行者进入轨道，也发射了一个太空舱，缓慢降落，并在纬度-45度、经度158度处登陆。这片区域位于艾利特莱斯和法厄同之间，离南极极冠的边缘不远，是一片颜色明亮的地方。登陆后的一分半钟之内，它开始传回一张火星地表的图片。开始的瞬间一切正常，但仅仅20秒之后，传送就终止了，而且再也没能恢复。USSR收到的图片框架并没有显示任何细节。12足的登陆器以1.35万英里的时速进入火星大气，没有任何理由怀疑实际上已经准确无误地实施了降落，但在那之后立刻就发生了什么令人无法愉快的事情。请记住，那个时候正有一场猛烈的沙尘暴发生，这很可能是导致麻烦的原因。112
俄国的科学家认为问题出在离地面100英尺时喷射出的降落伞上，这一降落伞附着在探测器的顶部。登陆器要么被损坏了，要么落进了尘暴。所有的这些理论都被提了出来，虽然在紧跟其后的“海盗号”看来火星上正席卷着剧烈的沙尘暴，我猜这个不走运的登陆器落到了大石头上，受到了致命的损坏。无疑我们在将来能够解开这个谜团——当首支远征火星的探险队来到这一区域，找到登陆器残骸的时候。（我还是拒绝接受另一个说法——一个火星的小绿人经过探测器，然后把它拿走了！）

公平地说，这两个俄国的探测器也没有完全失败，因为它们的轨道飞行器的确传回了一些信息。它们携带了在3.4厘米波段工作的射电望远镜，发现火星地表以下半米处的温度从未高于摄氏零下40度。这两个探测器的报告还包括：有一些云的高度达到6英里以上，火星地表有1万英尺高的山峰和4 000英尺深的峡谷，地表褐色的痕迹更像是沙而不是褐铁矿之类的矿物，火星表面没有可探测到的磁场，而之前对大气密度的估计被证实是正确的。给出的大气压力值在5.5～6毫巴之间，这样看来，火星的大气密度大约是我们地球的1/200。对表面重力的估计根据大气中的二氧化碳在不同地区的分布而给出。大多数结论都是正确的，虽然我们现在知道，有的山峰远远高于1万英尺。

“水手9号”在5月30日从卡纳维拉尔角发射，此时已经进入轨道，并开始送回信息。不过在最开始的时候，除了尘暴顶部的尘埃云之外实在无法显示其他的东西。（它也拍摄了火星的两个卫星佛伯斯和德莫斯，不过我打算在下一章再提到它们。）“水手号”当然没有登陆，因为它是一个纯粹的轨道飞行器。在11月14日，它的火箭发动机点火用了15分23秒，将飞船减速并投入环绕火星的路径。整个环绕的过程预计为12小时34分钟，比半个火星日稍微长一点，但这一时间后来变成了11小时58分14秒，这样可以使探测器保持离火星
113 地表850英里这一合适的距离。第一张照片显示的4个斑点后来被证明是高出沙尘的火山顶部。我们现在把它们称为奥林匹斯火山、阿斯喀瑞斯火山、孔雀火山和亚细亚火山，即极西高原边缘的4个巨大的火山。这些火山在正式命名之前也曾经被叫做奥林匹斯雪山、阿斯喀瑞斯湖、孔雀湖和戈笛点。

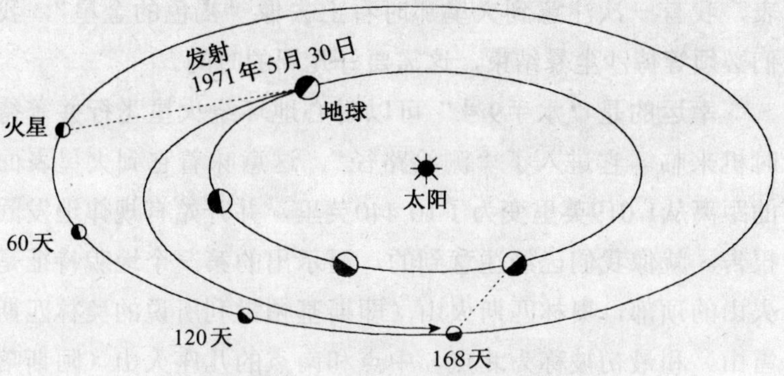

图 8.1 "水手 9 号"的飞行路线

当尘暴平息之后、逼近1971年年底的时候，"水手9号"终于可以开始它的主要工作了。12月30日轨道再次被变更，新的周期为11小时59分28秒。信号的传递直到1972年10月27日才结束，一共发回了7329张图片，拍摄到的面积覆盖了整个行星，而1969年发射的两个飞船只探测到了火星表面的10%。我怀疑是否有人曾对这些图片如此之高的质量抱有期待，它们的质量之好令人瞠目结舌，要是没有这些照片，更具野心的"海盗号"行动根本不会提上日程。

无疑，"水手9号"现在仍在环绕火星飞行，虽然它现在已经归于沉寂。它会留在那里一段时间，由于火星的大气十分稀薄，引力很可能会使它最终撞到火星表面。不过那是许多年之后的事情了，它可能会呆在轨道上，直到第一批殖民者进驻火星。

我已经提到过1971年在火星上发生的尘暴，这次尘暴在"水手9号"进入轨道的时候达到了高峰。这并非始料未及。火星在9月经过了近日点，8月经过了冲，所以这个时候对地球观测者而言是良好的观测时机。实际上沙尘遮蔽了火星地表，我有一次注意到火星那时看上去像“褐色的金星”，我们必须等待沙尘暴结束，这需要好几周的时间。

幸运的是“水手9号”可以耐心地环绕火星飞行并等待
114 时机来临。它进入了“测绘路径”，这意味着它到火星表面的距离从1 019英里变为了10 440英里，并开始有规律地发回报告。就像我们已经注意到的，显示出的第一个地貌特征是火山的顶部，奥林匹斯火山（即斯基帕雷利所说的奥林匹斯雪山）和最初被称为北点、中点和南点的几座火山（阿斯喀瑞斯火山，孔雀火山和亚细亚火山）。回忆一下，在许多年前的另一次沙尘暴中，斯基帕雷利发现他称为戈笛点（Nodus Gordii）和奥林匹克之雪（Olympic Snow）的地形是沙尘暴时惟一可见的地形。他猜测这些地形一定很高，这一猜测完全正确，所以我们能够原谅他把孔雀火山和阿斯喀瑞斯火山认为是湖泊的错误。

一旦火星的大气尘埃落定，覆盖全火星表面的照相工作就可以开始了，人们对照相工作的结果抱有莫大的兴趣。火星表面被证明有了显著的变化。既然“水手9号”告诉了我们这么多关于火星地形的讯息，现在似乎是深入更多细节的好时机。

火星上有着高耸的山地和深幽的峡谷，同时也有大量的盆地。在地球上我们确定高度是从海平面开始起算，但在火星上——现在——并没有海洋，所以人们协议使用平均大气压为6.2毫巴处的高度为基准线。火星上最高的火山奥林匹斯火山，其高度在基准线之上约17英里，最深的裂谷则在基准线以下超过4英里深。

两个半球的地形并不相似。大致说来，南半球遭到过严重的撞击，南半球的许多地区都高于基准线半英里到两英里之多；北半球地形则较低——绝大部分地区低于基准线——被撞击的情况也要轻微得多，所以北半球的地形必定较南半球年轻。古老的撞击坑已被更新的撞击坑覆盖。不过，地形分界线并不与火星赤道重合，而是与赤道成35度夹角的一个大圆。

火星的球体是明显可察觉的椭球体：赤道直径为4 218英里，而极直径仅为4 196英里。地表特征也十分不规则，一个相当令人惊奇的发现是最大的两个盆地希腊（Hellas）和银山（Argyre）都位于南半球。希腊盆地的底部在基准线下3英里开外，而银山也有将近2英里深。两个盆地都相当平滑，在被云层充满的时候会变得十分明亮——特别是希腊盆地，就像我们已经注意到的那样。在过去，希腊和银山这两个盆地曾被认为是被白雪覆盖的平台，当然现在已经没有人这样想了。

主要的火山区域是极西高原。这是一个地壳隆起的区域，以南纬14度、东经101度为中心。它的边缘形成了两个"半球"的分界线，大致高度为6英里左右。在这里，成一 115
条直线排列着亚细亚、孔雀和阿斯喀瑞斯三座大火山，间隔在400～450英里之间，只有亚细亚火山位于火星赤道的南方。奥林匹斯火山在这三座火山所连成的直线西方930英里处，底部周长388英里，火山口直径40英里，令人印象深刻。在未来它无疑将成为一个重要的观光胜地。我不知道，谁将是第一个登上它的人？

在极西高原的北翼是黎明火山口（Alba Patera），就我们所知，这是在火星和其他任何地方都相当独特的一个地区。它并不太高，高度不到2英里，宽度却超过了1 500英里，有一个中央火山口。

第二个主要的火山区域是极乐高原，中心区域为北纬25度、西经210度。它比极西高原要小，但宽度仍然超过了1 200英里，平均高度在基准线以上大约2.5英里。在这里的火山包括极乐火山、阿尔博山丘（Albor Tholus）和黑暗女神山丘（Hecates Tholus）。单个孤立的火山也可以在其他地方找到——比如在希腊地区，还有邻近大塞尔提斯和潭蓓谷的地方。

火山也有各自不同的类型。盾状火山（montes）是巨大的盾状结构，基本上接近于地球上的夏威夷地方的火山，例如夏威夷的毛纳基火山和毛纳罗火山。这一类火山比地球上任何一个类似的火山都要大得多，而它的坡度很小，不超过7度。拱形结构（tholi）则更小更陡峭，以至于形成它们的物质可能曾经相互粘合在一起。和盾状火山类似，大多数的拱形结构在顶部有火山口。然后还有托边火山结构，这是具有扇形皱褶边缘的塌陷的盾状结构，坡度陡峭，中央火山口结构复杂：有的具有对称结构，更多的则并不规则，有着放射状的通向基部的坑道。它们很可能是由相对松散的物质组成的，从现有的证据来看，这些松散的物质应该是火山灰和熔流。

火星上的火山的确很大。一些火山相对于其底部的高度如下所示：

名　称	高度/英尺
奥林匹斯	78 760
阿斯喀瑞斯火山	59 100
孔雀火山	59 100
亚细亚火山	33 600
极乐火山	29 500
极西山丘	19 700
黑暗女神山丘	19 700

续表

名　称	高度/英尺
阿尔博山丘	16 500
天王山丘	9 800
霹雳山丘	6 500

这些火山现在还在活动吗？大多数的权威学者会给出否 116
定的答案，但我们并不能确定。我在下边讨论火星地形的年龄时，将更多地涉及这个问题。

既然火星比地球小，核也一定比地球的核冷得多，我们自然要问：为什么火星上的火山会如此巨大？答案是：因为在火星上不存在平原地形。在地球上，浮在地幔上的板块以缓慢但稳定的速度漂移着，这一运动使火山活动的“生命期”受到了限制。地幔里有一些被称为热点（Hot spot）的地方。火山在其上方形成，并活动很长一段时间，但过后就会离开热点，并归于沉寂。我们可以在夏威夷非常清楚地看到这一点。在这个群岛的主岛上有两座巨大的火山：毛纳基火山和毛纳罗火山。毛纳基火山已经离开了热点，所有的活动都已终结（至少我们希望如此，因为全世界最重要的天文台之一就建在它的山顶）。毛纳罗火山现在正处于热点的上方，活动十分频繁，但它有朝一日终归会离开热点，成为一座死火山。这类事情看起来不可能在火星上发生，因为一旦一座火山在热点上方形成，它就会一直留在那里，并建立一个巨大的系统。

火星上最大的峡谷系统水手谷，是火星表面的一个巨大的裂缝，可测量的长度超过2 700英里，最大宽度370英里，最深处超过4英里。它从复杂得令人惊异的夜之迷宫（Noctis Labyrinthus）开始，这个地方通常的绰号是“枝状吊灯”，在此地我们可以看到组成大峡谷（Grand Canyon）的众多峡谷，看上去都十分短小。峡谷向东边曙光高原的方向延伸，终止于离最著名的古老反照率地形珍珠湾（Margaritifer Sinus），即现在的珍珠大陆不远处的块状岩层。峡谷的部分段落沿着地形分界线延伸，有许多支流。

撞击坑当然无处不在，大多数撞击坑具有中央突起，就
117 像月球上的那些坑一样。现在人们已经取得了共识，这些坑是由于撞击而形成的结构，在太阳系早期的岁月中由大量的来自宇宙空间的密集轰击造成。总的看来，认为火星具有明显的被撞击过的外貌，这样的说法是不失公允的。

更为壮观的，是那些看上去酷似古老河床、几乎不可能是其他产物的地形。曾经有这样一句谚语说：“要是它看上去像鸭子，叫声像鸭子，走路的样子也像鸭子，那么也许它就是一只鸭子。”在这些古老的河床中我们甚至可以看到过去的岛屿，有证据表明曾经存在大洪水，以至于有的古老撞击坑被冲垮了，只有一部分残留下来。肆虐的洪水必定曾经将岩石携带到较低洼的区域，而有的河流，比如说卡塞谷（Kasei Vallis），有几百英里长。某些坑道的河口位于金洲平原，这里是1976年“海盗1号”登陆的地方，另外一些延伸到战神谷（Ares Vallis）冲积平原，位于阿西达利亚平原，在阿拉伯和黄金大陆之间。这就是战神谷被选择为1997年火星“探路者号”飞船登陆地点的原因。人们曾经认为这里可能有许多不同种类的岩石，这一猜想后来被探测结果证实了。

这些坑道有没有可能是由其他物质，而不是奔流的洪水造成的呢？有关极不稳定熔岩（very liquid lava）的理论被提了出来，但现在已经可以将之排除。这意味着曾经有一段时

期，火星有着比现在浓密得多的大气，表面有河流、池塘、湖泊，甚至海洋。

从岩石看来，火星的主要地形非常古老。地球过去的历史已经有了清楚的研究结果，大致如下：

前寒武纪：38亿年前到5.9亿年前。生命的起源；海洋中出现生命。

古生代：5.9亿年前（寒武纪早期）到2.48亿年前（二叠纪末期）。海洋生命；两栖类动物；爬行动物。

中生代：2.48亿年前（三叠纪早期）到6 500万年前（白垩纪末期）。爬行动物统治时代；早期哺乳动物。这是恐龙的时代。通常的说法是：这些巨大的生物是由于一次彗星或小行星的碰撞，导致气候巨大变化而灭绝的。事实可能并非如此，但这一理论无论如何也不能被排除。

新生代：6 600万年前（始新世早期）到200万年前（上新世末期）。哺乳动物；灵长类动物；猿人。

第四纪：200万年前（更新世开始）到现在。冰河时代；真正意义上的人类；文明。

对火星而言情况则有所不同。显然我们不能在火星上做 118
出像在地球上那样的考察，不过看来在火星上的确有几个比较明显的时代。

早中期诺亚时代：超过44亿年以前。初期的古老地壳，早期的密集轰击。

晚诺亚时代：44亿年到38亿年前。撞击坑间的平原；

熔岩流；蜿蜒的坑道。

西方时代：38亿年到36亿年前。熔岩流；具有复杂山脊的平原。

早亚马逊时代：36亿年到23亿年前。表面光滑的平原如阿西达利亚平原；广泛的火山活动。

中亚马逊时代：23亿年到7亿年前。火山活动继续进行。

晚亚马逊时代：7亿年前到现在。极西高原和其他所有地方的主要火山活动在一个相对较晚的阶段终结；表面水消失。

考虑到火山的问题，看来某些火山，例如极乐火山和天王山丘（Uranius Tholus）的年龄超过了20亿岁，但极西高原的另一些火山则有可能直至晚亚马逊时代仍在活跃，而奥林匹斯火山的最后一次爆发仅仅在3 000万年前。火星在那个时候，是一个与目前我们所知道的这个荒芜贫瘠的世界大相径庭的地方。

这些相对较为优越的条件还会再出现吗？火星有没有可能通过任何循环使气候得到大规模的改善呢？这至少是可能的，有一些措施已经有了理论的雏形。有一个疑点一直以来都在困扰着我。特别的，如果那些河床非常古老——那就是说，其存在可以回溯到几十亿年前——它们无疑会显示出遭到长期腐蚀的效果。我们知道现在的火星大气中有大量的沙尘，这些沙尘有着高度的剥蚀作用。令人惊异的是，这些古老的河床有许多都呈现出切割状的外貌。当然，我并不是暗示有令人信服的证据说明它们是年轻的，有的河床在底部具有撞击坑，这一事实说明很早以前就已经断流，但我的确认为它们可能不像大多数人所相信的那样古老。

卡尔·萨根（Carl Sagan）在1971年提出了一个理论，他坚信火星上一度存在过生命。萨根的理论建立在火星自转轴 119
方向的改变之上，地球也曾经发生过类似的改变。地球并不是一个标准的球体，它在赤道部分略微鼓出，太阳、月亮和（只占非常小的部分）其他行星的引力作用在这个鼓出的部分，导致自转轴方向并不是绝对稳定的。

实际上地球的自转倾角改变的幅度并不大，当然，地球的轨道也相当接近圆形，我们在12月离太阳比6月时稍微近一点点，这个事实所导致的变化也无足轻重。但火星则有所不同，它的形状更接近椭圆，岁差周期为5.1万年。火星的自转倾角在14.9度与35.5度之间变化，所以现在的轨道倾角值与地球相近只是一个巧合。火星的轨道也要扁一些，偏心率在0.004到0.141之间变化，变化周期为9万年；现在的偏心率值为0.093。

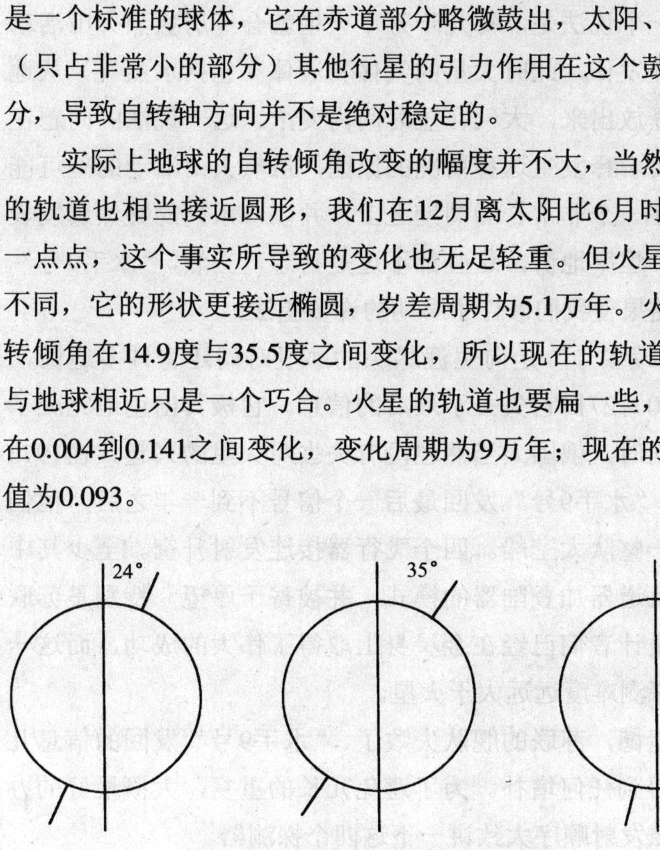

图 8.2　火星极轴倾角的变化范围

现在的值是 24 度，与地球非常接近

就像我们曾经注意到的，南半球的夏天落在火星离太阳最近的时候，虽然在2.5万年之后情况将会相反，近日点时将是南半球的冬天。无论如何必然有一段时期火星的某一极在近日点处将比现在更加倾向于太阳，火星表面挥发性的物质有没有可能在此时升华，使大气变得浓密，甚至形成降水呢？虽然以这种途径形成的浓密大气将是暂时性的，但想像得到，它可能使火星在一段长时间内变得比较丰沃。

另一个说法是，每几千万年火星就会经历猛烈火山活动的间歇性发作，此时大量的气体和液体（包括水蒸气）从地壳下被释放出来，大气在短时间内变浓。这一说法的问题在
120 于，需要解释发生这种情况的原因，虽然火山活动的确可能是建立在一个非常长的周期之上，并以一系列的突然爆发表现出来。坦率地讲，这些都不过是猜想，当然，“水手9号”的探测结果使我们修订了早期的许多想法。

“水手9号”走向生涯尽头的那段时间还有许多遗憾，1972年10月27日它失去了最后的信息。它极其出色地完成了任务。同时，俄国人当然也没有失去对火星的兴趣，在1973年夏天，“水手9号”发回最后一个信号不到一年之后，他们发射了一整队太空船。四个飞行器接连发射升空。至少其中两个是轨道器加登陆器的模式，并被寄予厚望，特别是苏联的火箭设计者们已经在金星身上取得了伟大的成功，而这一星球的探测难度远远大于火星。

很遗憾，苏联的舰队失败了，“水手9号”发回的信息几乎没有得到任何增补。为了避免冗长的重复，大概最好的办法是按照发射顺序大致讲一下这四个探测器。

“火星4号”，1973年7月21日发射，1974年2月10日到达目的地，但它的制动引擎不能工作，探测器在1 300英里的距离处错过了火星，这样它就继续飞向一个环绕太阳的轨道。在非自愿地飞过火星的过程中获得了一些电视画面，但质量

很糟。

"火星5号"，7月25日发射，次年的2月12日到达火星。这一次制动引擎工作了，也得到了一些电视画面。画面显示了撞击坑和河床，但不如"水手9号"的图像清晰。

"火星6号"，8月5日发射，1974年3月12日到达火星附近。在距离火星3万英里的距离处登陆器成功的从轨道器弹出，最初的进程看来正按照预期进行。制动火箭点燃了5分钟，然后主降落伞打开。降落伞的状态持续了148秒，但接下来就永久地失去了联系。根据目前所知道的情况，登陆器降落到了纬度–24度、西经25度的地方，位于印度洋和珍珠大陆之间，但再也没有从它那里得到任何信息。在登陆器脱离之前有一些电视画面发回，苏联的新闻媒体说从"火星6号"看，这颗行星像是红色的正在亏蚀的月亮。

"火星7号"，1973年8月9日发射，1974年3月9日到达火 121
星，比"火星6号"早3天。这一次登陆器过早地从轨道器脱离，飞船以800英里的差距错过了火星，徒劳地进入将使它环绕太阳飞行的轨道。

这个红色舰队的故事令人相当沮丧，甚至现在，四分之一个世纪以后，俄国人还延续着在火星身上的坏运气。但在继续这个故事之前，让我们暂停一下，来小结一下"水手9号"告诉我们的火星地形。

第九章　从轨道看火星

主要出于完整性的考虑，这里给出的地图只是一个大致的提纲。根据官方的标准我将地图的顶部定为北方，但就观测者的角度而言这并不重要，因为地球上的望远镜除了反照率区域和主要的盆地之外，无法显示更多的细节，虽然一些火山，比如极西高原上特别巨大的那些，可以看到的是一些微小的斑点。

撞击坑的半径将在下文给出，对细长的呈延伸状的地形给出的则是长度。单位都用英里。

北极区域，一直延伸到纬度大约为+60度的地方。在冬季被白色的沉淀物覆盖。就火星的平均水准而言撞击坑不多，但某些坑是比较大的，其中一个（科罗勒夫撞击坑）在后来被“海盗号”发现充满了水冰。这一地区的主要地貌是层状岩石，由可以称为梯状物的结构组成，具有很薄的明暗相间的层状结构。这些结构轻微滑坡的斜面有一定的起伏，从极点区域向撞击坑区域倾斜。这样的层状结构被比做大小不一的杯托，特别是在两极区域。深褐色的巨大的北极圈大平原延伸开来，环绕整个星球，其纬度大约在+55～+67度之间。

东北象限（见134页图9.1）。这个象限包括巨大的大塞尔提斯地区，现在知道它是一个向两边倾斜的高原。西边是在北半球而言遭到猛烈撞击很少的区域，形成了像埃里亚、阿拉伯和伊甸等赭色痕迹。子午湾，或者叫做顶点湾，位于它的左下方，曾经长期被当做火星表面经度的起算点。它是一个纯粹的反照率地形，在视野良好的时候呈放射状，因此常常有“道威斯的叉子”的外号，这个外号是为了纪念上世纪[1] 123
的一位火星观测者利夫·W·R·道威斯。现在作为火星表面经度起算点的是直径35英里的艾利-O撞击坑，以乔治·艾利爵士命名，这位相当可怕的19世纪的皇家天文学家，在确定把格林尼治作为地球经度起算点这件事上出力甚大。艾利-O正处于零度经线上（因为零度就是以它定义的），不过在赤道的南方一点点（南纬5.2度）。

珊瑚平原［以前名称是珊瑚区（Isidis Regio）］在大塞尔提斯的边缘，高度向极乐平原的火山地区逐渐降低，这片火山地区有好几座著名的山峰：极乐火山、黑暗女神山丘和阿尔博火山，全都非常巍峨壮观，虽然仍不能与极西地区的巨大火山相提并论。东北象限同样也包括了乌托邦平原。第二个“海盗号”登陆器正是在此地降落，离最初预定降落的撞击坑、现在称为米氏撞击坑的地方不远。乌托邦地区曾被想像为地形相对平滑，而实际上它被证实原来是一片“岩石的森林”。

最著名的洛维尔运河中有一些——肥逊[2]、幼发拉底、普洛托尼勒斯、希底结及其他——位于这一象限。全部，呃，

---

① 本书写于20世纪，这里的上世纪是指19世纪。——译者注
② 圣经《创世纪》中的河流。——译者注

都是虚幻的，无法与火星上的任何实际地形联系起来。

西北象限（见136页图9.2）。这一象限包含了绝大多数的极西火山：只有亚细亚火山在赤道以南。当然，奥林匹斯火山是无与伦比的。它是典型的盾状火山，顶部有火山口，直径40英里，形状完整。在火星的早晨，它被水冰形成的云层所环绕。这些水来自大气，在沿着火山坡度向上爬升的过程中被冷却。

盾状火山一开始就被如此称呼，因为人们猜想它们的形状类似于早期维京战士的盾牌[1]。这一类型的火山在地球上主要（但不是完全）集中于三个地方：夏威夷、加拉帕格斯群岛和冰岛，此外，加利福尼亚和新西兰也有一些。盾状火山的特点是顶部的火山口，这也显示在了极西火山群的身上。阿斯喀瑞斯火山的火山口直径为31英里、孔雀火山是28英里，而实际上位于西南象限的亚细亚火山，其火山口直径为85英里，远远超过它们。

极西火山群与外观疑似水系的地貌系统相邻。周边地区最显著的地貌特征是峡谷，主要是巨大的水手谷和夜之迷宫（Noctis Labyrinthus），它们都位于西南象限。另一个有趣的
124 地形是“白色痕迹”（Tractus Albus），它看起来像一个分水岭，从亚细亚火山一直延伸到阿西达利亚平原。这一地形是四个主要火山所处位置的对角线的延伸。

白色痕迹在极西火山群之间向东蜿蜒，而暗淡的月亮火

---

[1] 维京是8世纪末崛起于斯堪的纳维亚半岛的种族，在其后约三个世纪期间依靠武力征服了几乎整个欧洲。维京战士所惯用的战术之一即用层叠的盾牌组成盾墙，巨盾和巨斧是他们喜爱的武器。
——译者注

山则向西延伸，越向北，地形的高度就越来越低。阿西达利亚是一片低平的区域，与大塞尔提斯大相径庭，虽然两者同为整个火星表面最为显著的黑暗区域。

极西高原的高度向西迅速降低（向着亚马逊平原的方向），不过还没有向东的倾斜来得显著。这里我们看到了又一个褐色地带：金洲平原，它与黄金大陆相接，几乎难分彼此。正是在金洲平原，“海盗1号”的登陆器完成了降落。

西南象限（见138页图9.3）。两个主要的地形在火星的这一部分地区特别显著：水手谷和银山盆地。

水手谷即使就火星的尺度而言也是极其巨大的，它的长度超过2500英里，最宽处的宽度超过45英里，深度达到2万英尺，是科罗拉多大裂谷的3倍。水手谷是一个天然的裂缝，人们曾经把它与地球上的红海相比较，毫无疑问，它在长度上是较为突出的。整个裂谷系统从极西地区一直延伸到曙光高原，而有一点必须承认，它多多少少与旧式洛维尔类型的地图上的科普雷茨运河有点关系，虽然这肯定只是巧合。西北边是另一个众所周知的地形，长期以来被称为青春之泉（Juventae Fons，即the Fountain of Youth），它是可以在地球上观测到的暗斑，有着不规则的低洼地形。不用说，洛维尔当即断定它是一片海洋。

连接极西地区和凤凰湖的是夜之迷宫地区，以前的名字是夜之湖。这是一个巨大的裂谷系统，与火星上任何其他地形不相类似，形成了被称为“枝状吊灯”的纹路。这些裂谷与月球上的沟纹也并无相似，看起来像是表面的破裂与地表下幔层的退缩合力造成的。所有主要峡谷的平均宽度都达到了十几英里。

在东边是两个著名的黑暗区域：辛梅利亚大陆与塞壬大
125 陆。辛梅利亚大陆相当高，而塞壬大陆则看起来并无特殊之处，除了它的颜色之外。这附近有许多撞击坑，俄国的探测器“火星3号”就降落在距此不远的托勒密撞击坑中。

银山平原（以前的名称是银山1，以跟另一个较小的盆地银山2相区别）属于希腊平原的类型，尽管它既不够大，也不够深。在这个低地里几乎看不到东西。在它的北边是可以被归类为干涸河床的蜿蜒曲折的地形。西北边则是黑暗的、充满撞击坑的印度洋和珍珠大陆。

东南象限（见140页图9.4）。一言以蔽之，这是火星上受到撞击最为严重的地区，几乎没有真正的火山，虽然在第勒尼安碟形火山口有一些，具体的位置是希腊的东北方向，大致纬度-22度、经度253度的地方。壮观的河床系统位于拉锡纳地区（纬度-25度，经度190度）。在撞击坑中，最突出的是普洛克托撞击坑，它位于希腊东部，后者看起来像是被沙丘填满。普洛克托位于达达尼尔，一个充满撞击坑的区域，其高度缓慢地向希腊盆地本身倾斜。

我已经讲了很多关于希腊地区的事情。这一地区直径超过1 300英里，除了被安托尼亚蒂发现，并命名为吉湖的一小块地区之外，希腊地区没有什么地貌特征。在这一片地区，斯基帕雷利于1877年和1879年画出了两条坑道，后来被命名为奥菲斯和珀涅乌斯，两条坑道交汇成一个十字。“水手9号”并没有显示任何关于这两条坑道的痕迹，所以我们看起来是再一次遇到了声称是坑道，但实际上并没有以任何形式存在的东西。

南极区域。在这一地区，地形又回到了层状台地上，但围绕火星南极的地区遭受的撞击比北极密集得多。在高纬地带存在黑暗区域—— 引人注目的极北高原（Chronium Planum）和南方高原（Australe Planum），但都没有北边的北极圈大平原（Vastitas Borealis）显著。

把这样的结论与早期的探测器得到的结果相比较，人们再也无法怀疑“水手9号”所取得的成就的重要性，这一成就因为支持了最初为“水手8号”设计的探测计划而显得更为伟大。火星再也不会被看做是一个类似月球的荒芜世界，而成为了一颗具有生机的行星，它有着令人惊讶、同时又强烈吸引人们目光的奇特地貌。当“水手9号”走到其生涯的尽头时，“海盗号”系列的飞船就准备升空了。

126

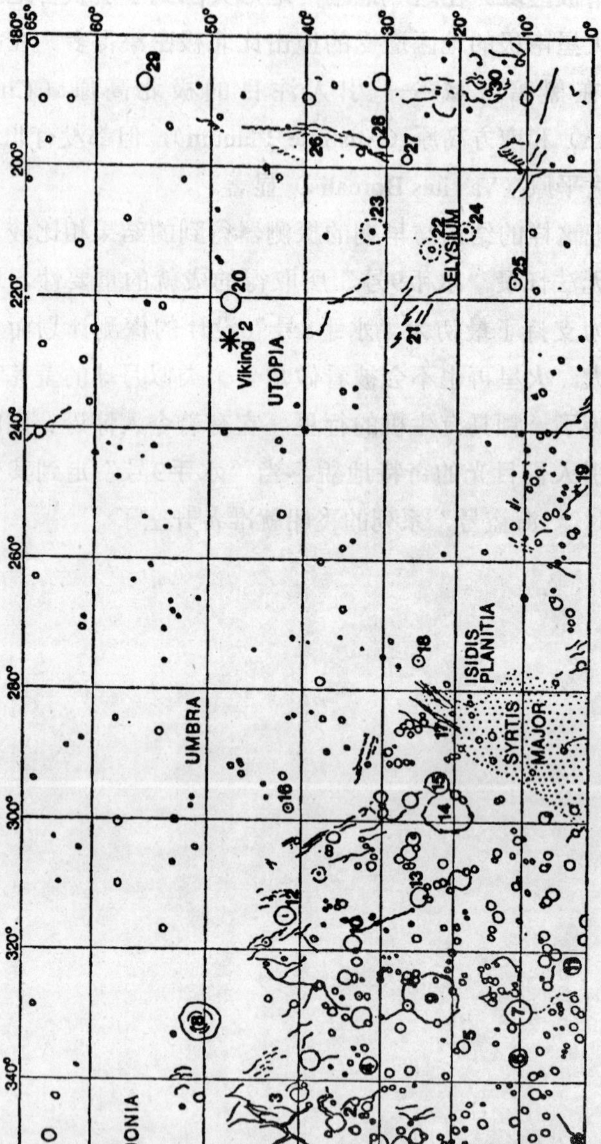
CYDONIA
UMBRA
UTOPIA
Viking 2
ELYSIUM
ISIDIS PLANITIA
SYRTIS MAJOR
180°
200°
220°
240°
260°
280°
300°
320°
340°
0°
65°
60°
50°
40°
30°
20°
10°
0°

图 9.1 东北象限

	Name	*Lat.°*	*Long.°W*	*Diameter*	*Longest dimension*		*Name*	*Lat.°*	*Long.°W*	*Diameter*	*Longest dimension*
1	Gill	15.8 N	354.5	50	–	16	Renaudot	42.5 N	297.4	43	–
2	Focas	33.9 N	347.2	51	–	17	Nili Fossa	24.0 N	283.0	–	441
3	Deuteronilus Mensa	45.7 N	337.9	–	390	18	Peridier	25.8 N	276.0	62	–
4	Cerulli	32.7 N	337.9	75	–	19	Escalante	0.3 N	244.8	52	–
5	Pasteur	19.6 N	335.5	71	–	20	Mie	48.6 N	220.4	58	–
6	Henry	11.0 N	336.8	103	–	21	Elysium Fossa	27.5 N	219.5	–	692
7	Arago	10.5 N	330.2	96	–	22	Elysium Mons	25.0 N	213.0	268	–
8	Lyot	50.7 N	330.7	136	–	23	Hecates Tholus	32.7 N	209.8	114	–
9	Cassini	23.8 N	327.9	258	–	24	Albor Tholus	19.3 N	209.8	103	–
10	Quénisset	34.7 N	319.4	79	–	25	Eddie	12.5 N	217.8	56	–
11	Janssen	2.8 N	322.4	96	–	26	Phlegra Montes	40.9 N	197.4	–	813
12	Moreux	42.2 N	315.5	86	–	27	Lockyer	28.2 N	199.4	46	–
13	Flammarion	25.7 N	311.7	99	–	28	Adams	31.3 N	197.1	62	–
14	Antoniadi	21.7 N	299.0	236	–	29	Stokes	56.0 N	189.0	44	–
15	Baldet	23.0 N	294.5	121	–	30	Orcus Patera	14.4 N	181.5	237	–
15	Baldet	23.0 N	294.5	121	–	30	Orcus Patera	14.4 N	181.5	237	–

128

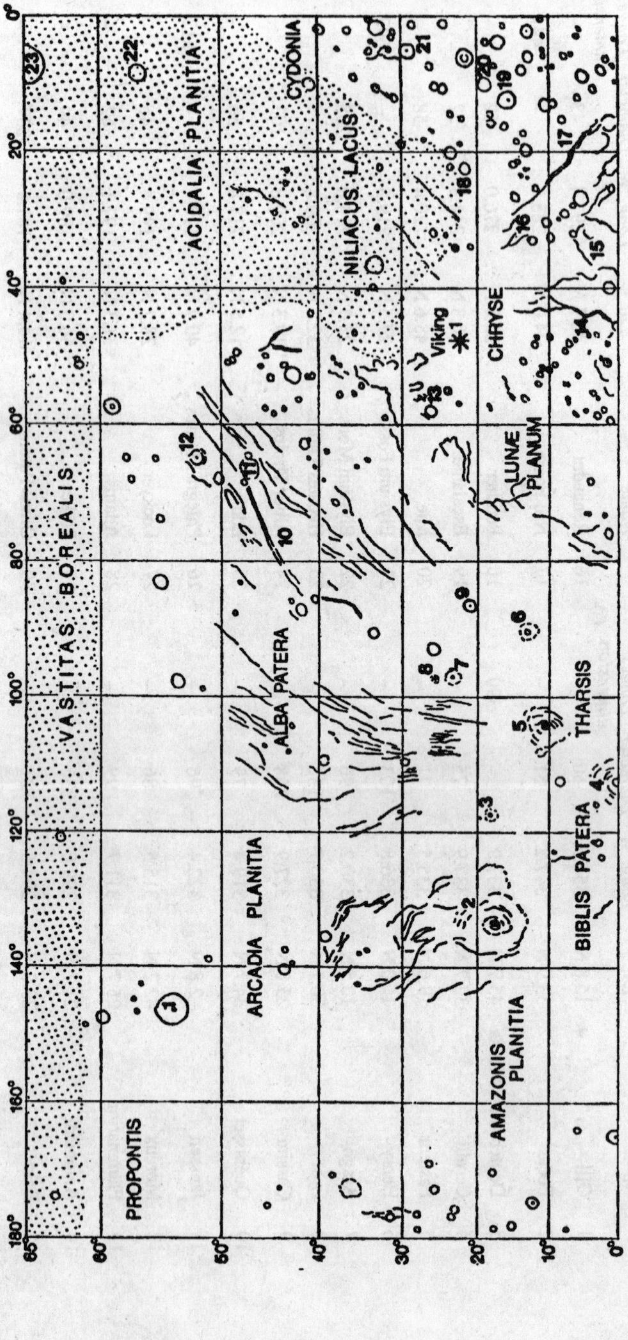
VASTITAS BOREALIS
ACIDALIA PLANITIA
CYDONIA
NILIACUS LACUS
Viking
CHRYSE
LUNAE PLANUM
ALBA PATERA
ARCADIA PLANITIA
THARSIS
BIBLIS PATERA
AMAZONIS PLANITIA
PROPONTIS

图 9.2 西北象限

	Name	Lat.°	Long.°W	Diameter	Longest dimension		Name	Lat.°	Long.°W	Diameter	Longest dimension
1	Milankovic	54.8 N	146.6	70	–	13	Sharonov	27.3 N	58.5	59	
2	Olympus Mons	18.4 N	133.1	388	–	14	Shalbatana Vallis	5.6 N	43.1	–	427
3	Jovis Tholus	18.4 N	117.5	38		15	Simud Vallis	11.5 N	38.5	–	667
4	Pavonis Mons	0.3 N	112.8	233	–	16	Tiu Vallis	8.6 N	34.8	–	603
5	Ascræus Mons	11.3 N	104.5	301	–	17	Ares Vallis	9.7 N	23.4	–	1050
6	Tharsis Tholus	13.4 N	90.8	95	–	18	McLaughlin	22.1 N	22.5	56	–
7	Ceraunius Tholus	24.2 N	97.2	67	–	19	Trouvelot	16.3 N	13.0	104	–
8	Uranius Tholus	26.5 N	97.8	44	–	20	Becquerel	22.3 N	7.9	104	–
9	Fessenkov	21.9 N	86.4	53	–	21	Curie	29.2 N	4.9	61	–
10	Mareotis Fossa	45.0 N	79.3	–	438	22	Kunowsky	57.0 N	9.0	37	–
11	Barabashov	47.6 N	68.5	78	–	23	Lomonosov	64.8 N	8.8	94	–
12	Perepelkin	52.8 N	64.6	70	–						

129

130

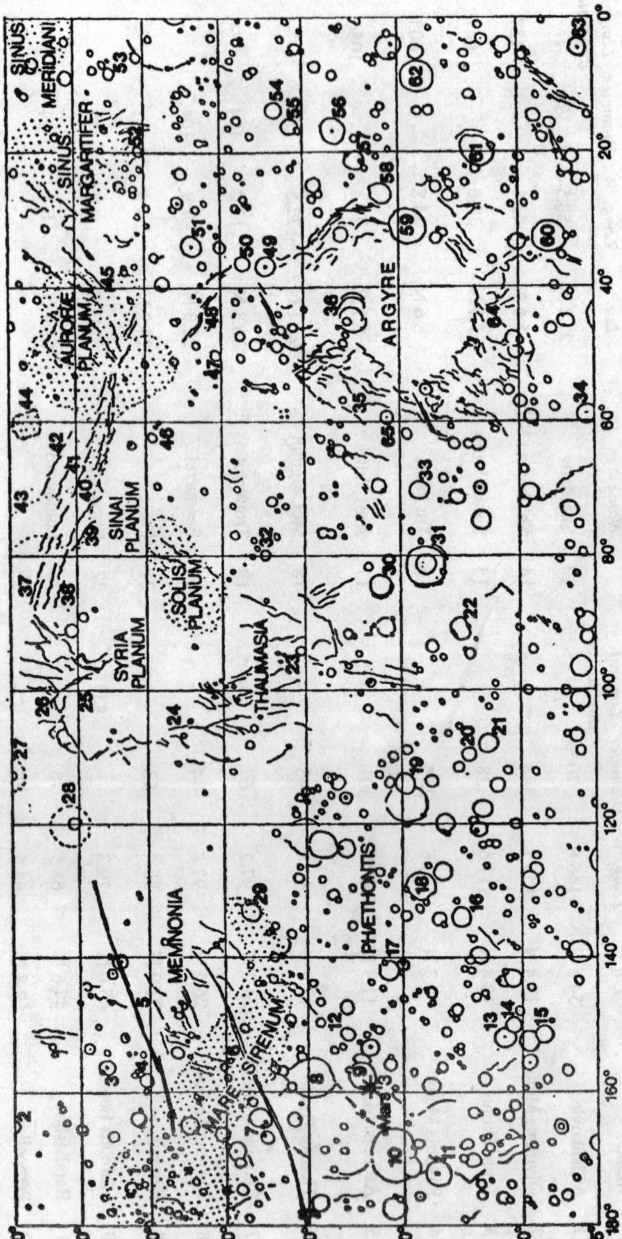
SINUS MERIDIANI
SINUS MARGARITIFER
AURORE PLANUM
ARGYRE
SINAI PLANUM
SOLIS PLANUM
SYRIA PLANUM
THAUMASIA
PHETHONTIS
MEMNONIA
MARE SIRENUM
0°
20°
40°
60°
80°
100°
120°
140°
160°
180°
-10°
-20°
-30°
-40°
-50°
-60°
-65°

图 9.3　西南象限

	Name	Lat.°	Long.°W	Diameter	Longest dimension
1	Eiriksson	19.6 S	173.3	35	–
2	Nicholson	0.0	164.5	71	–
3	Burton	14.5 S	156.3	85	–
4	Comas Sola	20.1 S	158.4	82	–
5	Memnonia Fossa	21.9 S	154.4	–	851
6	Sirenum Fossa	34.5 S	158.2	–	1686
7	Mariner	35.2 S	164.3	94	–
8	Newton	40.8 S	157.9	178	–
9	Ptolemæus	46.4 S	157.5	114	–
10	Copernicus	50.0 S	168.6	181	–
11	Liu Hsin	53.7 S	171.4	75	
12	Hipparchus	45.0 S	151.1	65	–
13	Wright	58.6 S	150.8	66	
14	Keeler	60.7 S	151.2	57	–
15	Trümpler	61.7 S	150.6	48	–
16	Clark	55.7 S	133.2	58	–
17	Nansen	50.5 S	140.3	51	–
18	Hussey	53.8 S	126.5	62	–
19	Porter	50.8 S	113.8	70	–
20	Brashear	54.1 S	119.2	78	–
21	Ross	57.6 S	107.6	55	–
22	Coblentz	55.3 S	90.2	69	–
23	Thaumasia Fossa	45.9 S	97.3	–	695
24	Claritas Fossa	34.8 S	99.1		1264
25	Noctis Labyrinthus	7.2 S	101.3	607	–
26	Tharsis Montes	2.8 N	113.3	–	1308
27	Pavonis Mons	0.3 N	113.3	233	–
28	Arsia Mons	9.4 S	120.5	301	–
29	Pickering	34.4 S	132.8	70	–
30	Slipher	47.7 S	84.5	80	–
31	Lowell	52.3 S	81.3	125	–
32	Lampland	36.0 S	79.5	44	–
33	Douglass	51.7 S	70.4	60	–
34	von Kármán	64.3 S	58.4	62	–
35	Nereidum Montes	41.0 S	43.5	–	1042
36	Hooke	45.0 S	44.4	90	–
37	Ius Chasma	7.2 S	84.6	–	623
38	Tithonius Chasma	4.6 S	85.6	–	562
39	Melas Chasma	10.5 S	72.9	–	327
40	Valles Marineris	11.6 S	70.7	–	2566
41	Coprates Chasma	13.6 S	60.7	–	598
42	Ophir Chasma	4.0 S	72.5	–	156
43	Gangis Chasma	8.4 S	48.1	–	336
44	Juventæ Chasma	1.9 S	61.8	–	308
45	Eos Chasma	12.6 S	45.1	–	599
46	Lassell	21.0 S	62.4	53	–
47	Ritchey	28.9 S	50.9	51	–
48	Nirgal Vallis	28.3 S	41.9	–	318
49	Hale	36.1 S	36.3	81	–
50	Bond	33.3 S	35.7	65	–
51	Holden	26.5 S	33.0	88	–
52	Spencer Jones	19.1 S	19.8	53	–
53	Beer	14.6 S	8.2	50	–
54	Vogel	37.0 S	13.2	77	–
55	Hartwig	38.7 S	15.6	65	–
56	Lohse	43.7 S	16.4	97	–
57	Helmholtz	45.6 S	21.1	67	–
58	Wirtz	48.7 S	25.8	80	–
59	Galle	50.8 S	30.7	143	–
60	Maraldi	62.2 S	32.1	74	–
61	Darwin	57.2 S	19.2	103	–
62	Green	52.4 S	8.3	114	–
63	Wegener	64.3 S	4.0	44	–
64	Charitum Montes	58.3 S	44.2	–	878
65	Halley	48.6 S	59.2	50	–

132

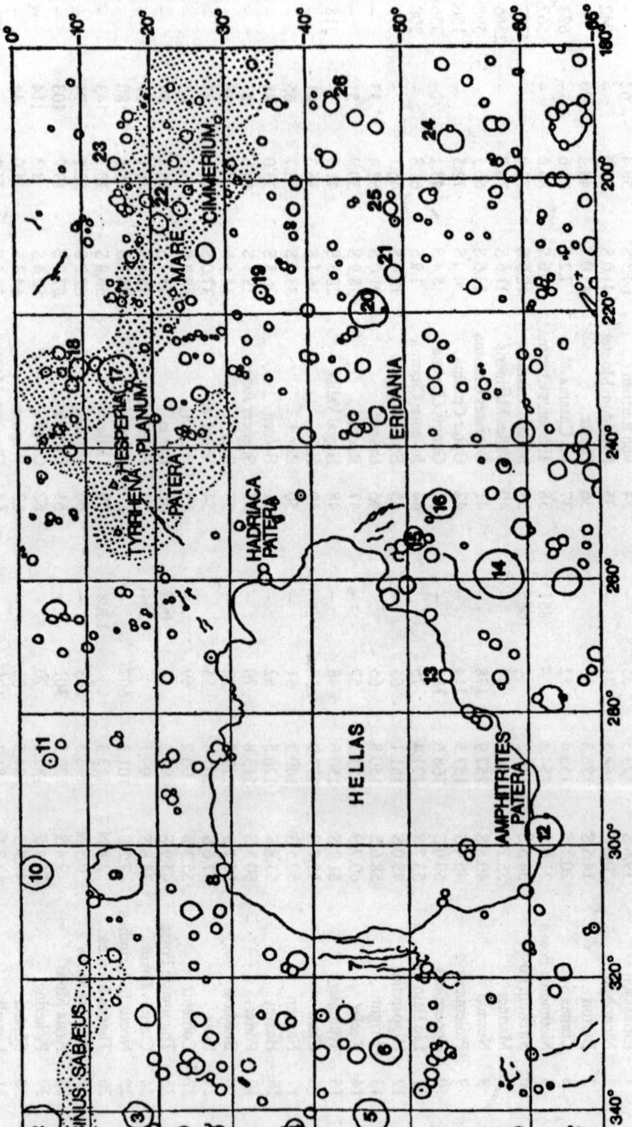
SINUS MERIDIANI
SINUS SABAEUS
NOACHIS
HELLAS
AMPHITRITES PATERA
HADRIACA PATERA
TYRRHENA PATERA
HESPERIA PLANUM
MARE CIMMERIUM
ERIDANIA
0°
-10°
-20°
-30°
-40°
-50°
-60°
-65°
180°
200°
220°
240°
260°
280°
300°
320°
340°
0°

图 9.4 东南象限

	Name	Lat.°	Long.°W	Diameter	Longest dimension		Name	Lat.°	Long.°W	Diameter	Longest dimension
1	Russell	55.0 S	347.4	86	–	14	Secchi	57.9 S	257.7	135	–
2	Schiaparelli	2.5 S	343.4	287	–	15	Tikhov	51.2 S	254.1	67	–
3	Flaugergues	17.0 S	340.0	146	–	16	Wallace	52.8 S	249.2	99	–
4	Le Verrier	38.2 S	342.9	86	–	17	Herschel	14.9 S	230.1	189	–
5	Kaiser	46.6 S	340.9	125	–	18	Knobel	6.6 S	226.9	79	–
6	Proctor	47.9 S	330.4	104	–	19	Martz	35.2 S	215.8	57	–
7	Hellesponti Montes	45.5 S	317.0		423	20	Kepler	47.2 S	218.7	136	–
8	Niesten	28.2 S	302.1	71	–	21	Tycho Brahe	49.5 S	213.8	67	–
9	Huygens	14.0 S	304.4	284	–	22	Graff	21.4 S	206.0	98	–
10	Schröter	1.8 S	303.6	209	–	23	Boeddicker	14.8 S	197.6	67	–
11	Fournier	4.2 S	287.5	70	–	24	Campbell	54.0 S	195.0	76	–
12	Barnard	61.3 S	298.4	80	–	25	Huggins	49.3 S	204.3	51	–
13	Gledhill	53.5 S	272.9	45	–	26	Bjerknes	43.4 S	188.7	55	–

133

第十章　“海盗号”系列

虽然取得了巨大的成功，但“水手9号”只是我们火星探索中的一块敲门砖。接下来我们需要从火星地表直接传回信息。俄国人做出了尝试，失败了。现在轮到美国了。行动的目标是将一个登陆舱软着陆，并希望它可以持续工作数星期，甚至数月。

一些“水手9号”没有做到，或没能做到的事情，将告诉我们火星是否真的是一片不毛之地。这是“海盗号”系列的一个重要任务，但请容我提出这一点，即尝试进行完全控制下的着陆，无疑才是此次行动最主要的目标。实际上，许多天文学家坚持说，诸如大气成分和土壤物质分析一类的其他调查，其意义更为重要。尽管存在分歧，但每个人都同意，无论如何，“海盗号”将——只要它们成功——开启探索的新纪元。

计划中有两个任务。“海盗1号”和“海盗2号”，设计完全一样，担负的任务也完全一样，只是分别针对火星表面不同的地区。“海盗1号”的目标是“黄金平原”，即金洲平原，差不多位于珍珠大陆和阿西达利亚黑暗区域之间，在前者的南面，后者的北面。“海盗2号”的目标则是克里特（Cydonia，克里特的诗体写法），相对较为接近北极的区域，在北极极冠处于极大的时候，正好位于极冠边缘附近。登陆点的选取非常谨慎。它们的高度相对较低，并被认为较为平滑。同时这些地点也能够收集到任何可能的水汽，因为它们正好位于与极西火山群相连的巨大水系的末端。只要火星上存在水汽，最有可能在那里。

每个飞行器都包括两个主要部分：一个轨道飞行器和一个登陆舱。当然，这两个部分将一起飞越行星际空间，并一 135
起被投入一个环绕火星的近距离轨道，其过程非常类似于“水手9号”的情况。在预定的时间内登陆舱将分离并降落，分离舱将倾斜着通过火星大气，以得到阻力完成软着陆，轨道飞行器则留在空中。此时后者并未完成它的使命：还早呢。它并不仅仅要完成自己的任务，还要扮演登陆舱中继站的角色。实际上，没有轨道飞行器，登陆舱本身几乎不可能与地球进行联系。

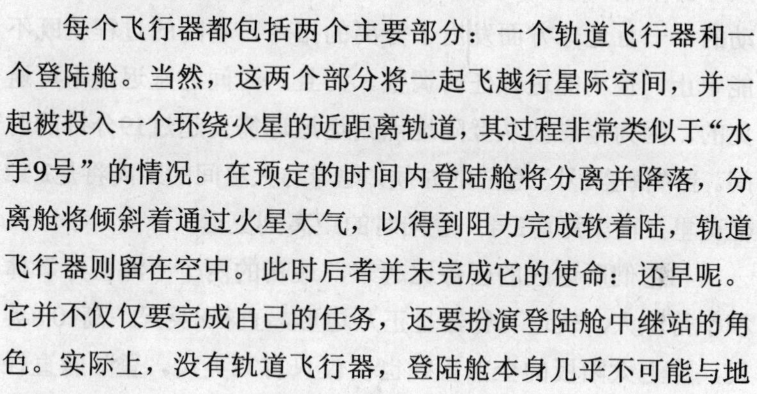

图 10.1 “海盗号”飞行器

“海盗 1 号”和“海盗 2 号”是完全一样的

发射工具——“泰坦3”与“半人马”火箭的联合——经过了严格的测试，预计不会有任何问题。同时也没有任何理由怀疑，在将“海盗号”投入环绕火星的轨道时，真正的麻烦才会来临。最大的冒险是着陆行动本身，这必须是完全自动的。一旦地球方面发出了分离的指令，着陆的过程就既不能中止，也不能进行任何调整。而且，时间的延迟是不可避免的，因为电磁波从登陆地点到达地球需要超过19分钟的时间。当“海盗1号”登陆的时候，地球与火星间的距离将是2.12亿英里，而“海盗2号”登陆时的距离则更远。

与它们所达成的任务比起来，最初的两个“海盗号”体积小得惊人。轨道飞行器呈正八边形，直径8英尺，高10.8英
136 尺，加上太阳板的全部直径也仅仅只有32英尺。登陆舱直径10英尺，高7英尺，除去燃料的净重为1 270磅。这是一个外观奇特、有三条腿设计的装置，所有的正常工作都取决于它必须以可接受的角度柔和地着陆。考虑到传动系统的关系，超过19度的倾斜将使它瘫痪，而如果登陆舱落到石头上，将造成致命的损坏——它的底盘离地面的高度只有8.7英寸。不幸的是：石头的“危险”尺寸小于轨道照片或地球基地雷达探测的最高分辨率，所以我们需要很好的运气。在实际登陆行动之前，加州帕萨迪纳的喷气推进实验室的科学家们曾估计，成功率最多不超过50%。

有一点非常重要。登陆舱极其精细，必须尽可能地受到保护。它也必须经过严格的消毒，因为把任何地球污染携带
137 到火星上都将是一场科学灾难。杀死全部组织的一个方法是高温，在发射之前，登陆舱被放置在一个温度大大超过水的沸点的炉子里，彻底烘烤40小时。这样的处置绝对是有效的。当然，人永远不可能百分之百地确定什么事情，但在人类力

所能及的范围内，这一风险已经被减少到了最小，而且这对此后俄国人的太空舱无疑也有好处。

科学永远不可能拒绝政治的因素，不幸的是，有好几次最为著名的空间发射，其时间严格来说都是被非科学的因素所决定的，这也是事实。因此，空间时代于1957年10月4日由一颗俄国人造卫星所开启："十月革命"的40周年纪念日[①]。"月神3号"，环绕月球飞行并发回月背照片的第一个探测器，则是在1959年10月4日发射的。就"海盗号"的情况，当局本希望能够在1976年7月4日——美国独立日完成登陆，但行动早期阶段就已证明这是不可能办到的。发射前遇到了一些麻烦，"海盗1号"的发射延误了。事实上，两个飞行器的发射顺序后来颠倒了，所以原本是"海盗1号"的飞行器成了"海盗2号"（并一直沿用这个称呼）。经过通盘考虑，为保险起见，并未采取任何加快事态进展的举措，因为这有可能将整个行动置于危险境地。延误被接受了，虽然无疑带着一定的遗憾。实际上，人们还做好了进一步延误的准备，因为原先选好的登陆点不得不重新选取，但到那时独立日一定已经错过了。

"海盗1号"最终于1975年8月20日发射，而"海盗2号"的则发射于其后的9月9日。我真的不打算就发射本身或空间飞行讲得太多，只要知道没有什么大的阻碍就行了。1976年6月19日，"海盗1号"进入环绕火星的近距离轨道，并立即开始工作。（那个时候火星的两个卫星都已被拍照，但我准备将所有关于小天体的讨论留到第14章。）

---

① 原文如此，但十月革命发生在1917年11月7日，俄历当年的10月25日。 ——译者注

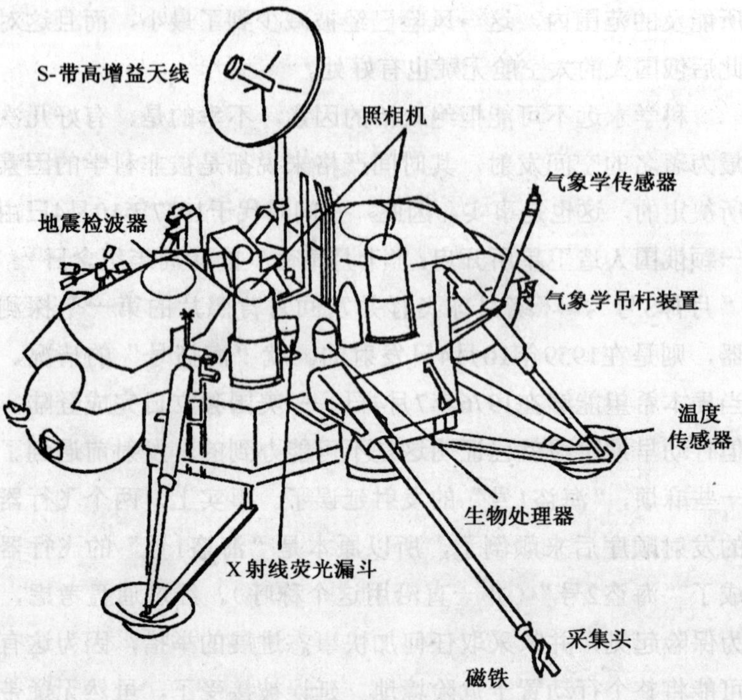

图 10.2　“海盗号”登陆器

生物箱、气相色谱质谱联用仪、X射线荧光谱仪和压力传感器在内部

与“水手9号”不同，“海盗号”并未立刻开始研究火星的整个表面。它的首要任务是检查金洲的登陆地点，尽可能确认该地区的确适合降落。但甚至就在进入轨道之前，它还传回了一些真正高质量的远距离照片，远远胜过“水手9号”之前拍摄的任何一张。褐色地带、黑暗区域、盆地和火山都非常清晰，照相技术的进步立竿见影。

138 这些在“海盗号”的主要工作开始之后不久传回的图片都是绝对令人震惊的。一张关于奥林匹斯山的图片摄于7月31日，当时的距离是5 000英里，拍摄时正是火星的上午，火山半掩在云中，而云层的高度从火山底部一直向上延伸有12英里之多。这些云有相当的可能是由水冰组成的，这些水本来存在于大气中，在沿山坡爬升的时候冷却而冻结。火山顶部由于塌陷而形成的巨大的火山口在云层上方清晰可见。稍后拍摄的另一张图片显示了亚细亚火山的火山口，它甚至比奥林匹斯山的还要大。这座火山是极西火山群的另一个主要成员。然后是较小的地貌特征，如构造非常完整、现被称为尤蒂撞击坑的地形，其直径11英里，位于金洲地区，离预定的登陆地点并不太远。尤蒂撞击坑在外观上很像月球上的撞击坑，具有规则的阶丘式外墙以及大质量的中央山峰，山峰顶端具有凹陷。

7月3日，"海盗号"送回了一张关于巨大的水手谷局部的照片。在1 240英里的范围内，这个峡谷似乎破坏了一个构造完整的撞击坑的部分外墙，所形成的地形与此前发现的所有其他地形不相类似。请记住，峡谷有好几英里深，比地球上的所有峡谷都要大。（在这张图上有一个外形奇特的黑环，这个环出现在许多"海盗号"的照片上，但我要声明这是由于光学系统的轻微缺陷造成的，与火星无关。）然后是断层区域，峡谷在这里变宽，部分是由于塌陷，部分是由于质量的流失，比如因重力而引起的岩石滑坡。下陷地形也引发了人们的特别兴趣，这种地形很可能是由于地表下冰的融化而形成的；还有沙丘，比如恒河河谷北墙附近的沙丘区域；有延伸入水手谷复杂系统的裂谷结构；也有延伸的熔岩流结构以及其他一两张令人惊异的图片，其中一张显示了一座山脉，由于光影效果，看起来竟然像是一张人脸！可以想见，大众都为了这张"脸"而激动，编造出许多故事，故事涉及消失的火星文明和废弃的城市，等等，诸如此类。同样可以想见，权威们声称掌握了与此有关的一切，并正在尽力弄清真相。以下说法其实不失公允，即“阴谋理论”是有成见者的商标，并在这一事例中得到了证明。这张“脸”是一块普通的岩石，1998年火星“全球勘探者号”（MGS）从不同角度拍摄的图像证实了这一点。

河床的存在已被证实，现在几乎没有科学家会相信这些 139
地形是干涸河床以外的任何东西。总之，“海盗号”的图片在“水手9号”的基础上更增进了我们的兴趣，但主要的目的还是研究金洲地区——登陆器将要降落的地点。

警报从波多黎各的阿雷西博传来，这里有一架巨大的射电望远镜，建立在地面的一个天然下陷的地形上，正在对金洲地区进行雷达测绘。看起来这一地区的地形比预计的要粗糙，而轨道飞行器的图片也加重了人们的不安，因为除了必须以小于19度的角度着陆之外，避免落在岩石上也是基本的要求，否则登陆器将遭到损毁，无法正常工作。事实上原先选定的地点被放弃了，第二目标被选定，仍然是在金洲地区，但更偏向西北方。这看起来要好一点，不过，最后的地点更为偏西，而且已无法再进行改动。7月20日，伟大的尝试开始了。

绝对精确是不可能的，能够做的只是将探测器尽可能精确地瞄准目标，并希望最好的结果发生。它很可能落到某个“不确定的椭圆内”，在那个椭圆范围内没有可探测的巨石。计划者们不太愉快地意识到，无论是雷达还是轨道飞行器照片所能显示的地形，都足以对登陆器造成灾难性的损坏。

从轨道飞行器分离出的太空舱包含三个主要部分：登陆器本身、铝合金制造的锥形防护罩以及一个底部的盖子。登陆器被包围在中间，减速引擎是防护罩的一部分，而降落伞在底部盖子里。整个过程与登月不同，因为火星大气虽然稀薄，也会导致一定的摩擦，从而产生热量。这也意味着可以使用降落伞，虽然仅仅依靠降落伞并不能完全达到减速的目的。

降落的太空舱一离开轨道飞行器，就开始逐渐“落向”火星。这一过程持续了3个多小时，其间没有受到任何空气阻力，但到达火星表面上空80万英尺处——也就是说，150英里处——大气开始作用于登陆舱。有鉴于此，太空舱被倒转过来，使空气罩和隔热盾朝向前进的方向。现在登陆舱的速 140
度为每小时1万英里，差不多每秒3英里，在下落的过程中摩擦生热将会加剧。空气罩被证明是合乎要求的：在离火星地表15～18英里时减速达到了极值，此时在大多数时间里，登陆舱都因为空气动力学提供的升力而水平飞行。当继续减速时，摩擦生热变得较为和缓，可以重新开始下降。在离火星地表1.9万英尺处速度接近每小时1 000英里，当然，现在太空舱的位置已经比极西火山群的高度还要低得多。此时降落伞要被破坏，7秒钟后，完成任务的空气罩从登陆器脱落并飘走，落到离登陆地点很远的地方。

降落的最后一步显然是整个过程中最困难的，地球上的科学家们无法即时得知此时发生的一切，因为信号的传回有$19\frac{3}{4}$秒的延迟。实际上降落伞的工作十分完美，一分钟之内登陆器的速度降低了许多，以至于可以测量出水平运动时风速的影响。登陆舱的足伸出，达到了登陆状态。当雷达高度计给出将近3 900英尺的高度时，降落伞被喷射弹走。与此同 141
时，登陆器自身的三个引擎开始工作，几秒钟后，这个4.4亿英里的旅程就结束了。最后着陆时的速度不到每小时6英里。

仅仅在一个半钟头之后，帕萨迪纳控制中心的科学家就已经在检查成功地从火星地表传回的第一张图片了。

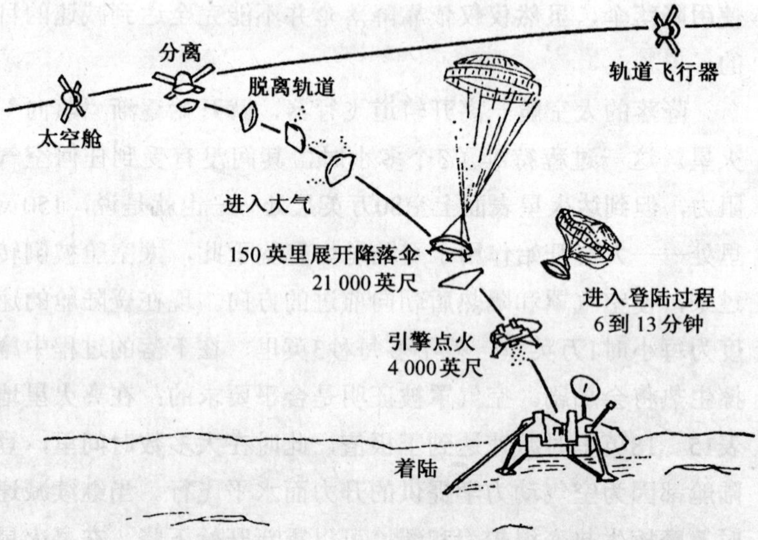

图 10.3　海盗号登陆器的降落过程

登陆舱落地的位置距离预定的登陆地点仅有20英里，位于“不确定性”范围之内。运气也扮演了重要的角色。登陆舱最终降落的地点距离一个直径10英尺、3英尺高的圆石只有25英尺之遥——如果降落时恰巧落到它的顶部的话，那么这个圆石的尺寸足以对登陆舱造成致命的损坏。看到这个圆石的图片的那一瞬间，我立刻想起了我们在电视上演示登陆舱模型时所做的解说：“如果你把它们从极高的地方摔下，那么它们就会被摔坏！”

降落之后立即拍摄的最初的图片是一幅满目岩石的全景图。其中图片中心附近的一块岩石直径有4英尺，距离登陆舱6英尺远。登陆舱第三条腿的一个衬垫被显示出来，陷入泥土仅有1.4英寸，由此可见，火星的表面是令人安心的固态，虽然后来发现，登陆舱的另一条腿被沙子盖住了。图片主要显示的是一片光秃秃的有很多岩石的沙漠，那里有着无际的沙丘以及沙砾和圆石。

那么，火星上的色彩如何呢？在登陆后的第二个火星日，"海盗号"发回了一张彩色图片，图片显示：较细小的、颗粒状的物质在很大程度上呈铁锈红色，而绝大多数的岩石色泽与之接近。因此很可能这些红色物质——极有可能是褐铁矿石（含水的氧化铁）——在深色的岩基上形成了一个风化层。令人吃惊的是天空的颜色。第一幅图片显示它是浅蓝色的，但后来证明这是一个错误。做出修正之后，天空呈现粉红色。显然这样的粉红色是由大气中无数微小的尘埃粒子造成的，这些粒子会吸收太阳光中蓝光波段的辐射。对后来的"海盗号"图片所显示的天空，最好的形容是"泛黄的粉红色"。前沿的天文学家会发现，火星上的景象在各方面都与地球不同。

随着地球日（和火星日）的流逝，更多的图片传回了地
球，每一张都引起了新的讨论。彩色图片自然是最具观赏性 142
的，虽然必须强调，这些图片的彩色是计算机对三张以不同滤镜拍摄的黑白照片重调后的产物。主要的讨论围绕着岩石进行，这些岩石看起来属于各种各样的类型。一些具有纹理和疖状物，另一些则颜色较浅，形状也很不规则，而且很多岩石的体积相当大。相当确定的一点是，这些岩石都是火成岩。肤浅的比较总是危险的，但最近要我看看一张拍摄自金洲的黑白图片，再看看一张我自己几年前在冰岛拍摄的黑白照片，然而分辨出它们哪张是哪张还真不容易。我还看到了一张提贝司提沙漠的彩色照片，这个沙漠大约在开罗西南方1 000英里处：这里与火星金洲地区的相似程度令人震撼——

目力所及，除了一片红色，别无他物。

在登陆舱的四周有大量终年被狂风吹拂的证据，一些岩石明显地被磨平了，而另一些则很尖锐，这令科学家感到惊讶。不过，更多的信息接踵而至。温度的测量完成了，金洲地区与其他地区相比特别寒冷，这一点得到了确认。甚至在火星的一天中最热的时刻——当地时间下午两点左右——温度也不超过零下22华氏度，而刚刚入夜，温度计就测得了至少在零下120华氏度的低温。不过，请记住，金洲并不在火星的赤道上。

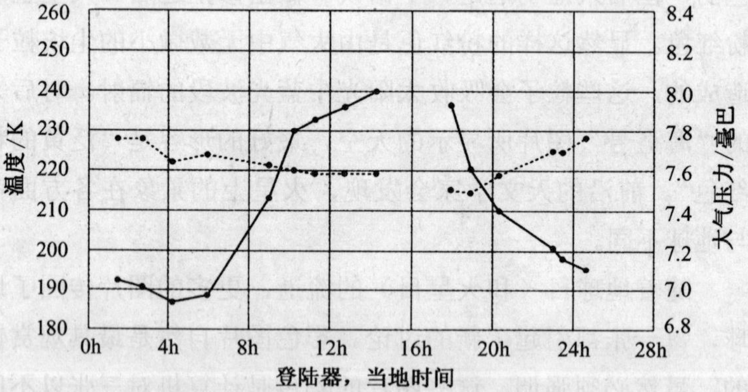

图 10.4　在一个普通的火星日中，金洲登陆点（海盗号）的温度（开尔文温标）（实线）和气压变化（虚线）

143 风很轻。在当地时间上午10点左右，火星表面的风力达到最强，但即使是那个时候也只是不超过每小时14英里时速的微风，在一个火星日里。其后的时间风力会降到每小时4英里左右，主要是西南风，没有东风。这一模式看来相当规律，以后的每一个火星日都是如此。粉红色的天空几乎没有云，也没有证据表明物质正在被风化。在我们BBC的一个电视节目中，加里·亨特博士甚至做出了火星的天气预报，预报的基础是从火星传回的信息，他正确地把登陆舱称为人类最边远的气象站。预报内容是："天气晴好；非常冷；风力轻微，变化很大；未来展望与此相近。"不出意料，他被证实是完全正确的！

最重要的调查之一是对大气的分析。实际上，这一调查工作在登陆舱下降的过程中就已经开始了。在下降过程中的温度记录里，130英里高度处的温度为+27华氏度，但这并非意味着上层大气是"热的"。科学地说，温度是由各种原子和分子的运动速率衡度的，与日常所说的"热量"并不严格相同。火星表面上空85英里处的温度被发现为–216华氏度。探测到了氮气，这使那些期待发现火星生命的科学家十分兴奋。同样显示的还有，与此前俄国火星舰队的报告相反，存在极少量的氩。

顺便说一句，氩有着特殊的重要性。它有三种同位素：氩^{36}，氩^{38}和氩^{40}（化学元素符号为A）。前两种同位素是放射性的钾的衰变产物，而氩^{40}则很可能是行星存在的早期"遗留物"，那时原始的太阳系星云制造氩。地球大气中，氩^{40}的含量是氩^{36}的300倍，而氩^{36}是氩^{38}的5倍。而在火星，氩^{40}占全部大气的比例约为1.6%，另两种同位素的含量非常少；氩^{40}对氩^{36}的比率约为3 100∶1。从这一点看，火星壳层里放射性钾的含量很少。

最终的分析显示，火星的大气构成是这样的：95%二氧化碳（CO_2）、2.7%氮气（N_2）、0.03%氧气（O_2）、1.5%氩气，还有微量的其他气体，比如氪和氙，这两种气体都存在于我们地球的大气中，尽管数量非常稀少。地表的大气压是与预计相符的7毫巴，而地球海平面上大气压的平均值为960

144 毫巴。不过，随着时间的流逝，人们发现大气压力开始降低。降低的速率为每火星日不超过0.012毫巴，但一直存在，而对此似乎有一个不错的解释。冬季将要在南半球降临，极冠开始生长。大气中的二氧化碳凝结形成南极的极冠，这部分二氧化碳的量非常大，从而造成了气压的降低。当然，大气压的这种降低并不是无止境的，甚至在1976年11月火星脱离探测范围之前，气压的降低就停止了。这是一个纯粹的季节性现象。

水蒸气同样也被探测到了，但这一次主要的信息来自于轨道飞行器的探测。有关水蒸气的问题在生命的搜寻中是至关重要，所以我打算把这部分的讨论放在下一章，与登陆舱所做的地表物质分析一并处理。

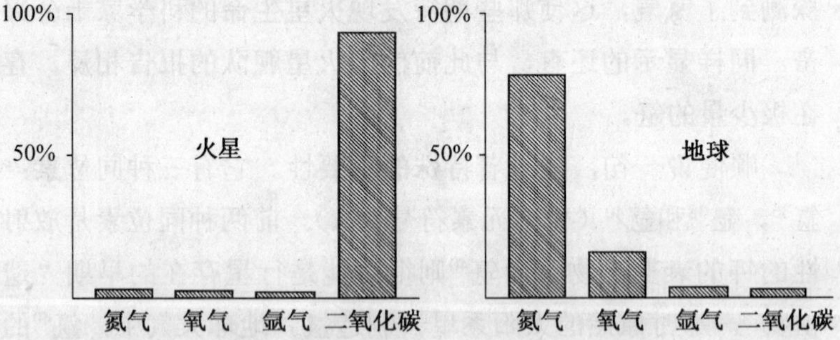

图 10.5　火星与地球大气构成的相关比较

总而言之，“海盗1号”的表现几乎完美无缺。惟一让人失望的是地震检波器，或者称之为火震记录仪的失败。这一仪器本来被寄予厚望，希望它能够记录下足够大的地表运动。毕竟，在月球上存在频繁的月震，而火星上的震动曾被期待为大大超过月震的频率。不幸的是，本来保护地震检波器的笼子在长途飞行中拒绝移动，而所有试图令它移走的努力都宣告失败。科学家们只能寄希望于“海盗2号”的地震检波器，"海盗2号"在向火星接近的过程中也的确保持了良好的平衡。它于8月7日进入火星轨道，准备向预先选定的地点投下登陆舱。

在"海盗2号"正在进行前期准备的时候，对登陆地点的微妙不安渐渐产生。克里特地区似乎颇为粗糙，这一点令人不快。第一个轨道飞行器拍摄的图片并不令人振奋，而阿雷西博的观测也没有什么帮助，因为克里特在火星北半球很远的地方，地球上的射电望远镜无法观测那里。在深思熟虑 145
之后，人们决定放弃克里特，转而选择乌托邦平原。这是距离"海盗1号"登陆地点东北4 600英里的一片宽广的平原，被预计为十分平坦的地区。9月3号正是在这里，第二个登陆舱降落到了地面。降落的位置设定为纬度+48度，西经226度。

事情的进展并不像上一次那么顺利。下落的太空舱分离之后，轨道飞行器发生了短暂的能量障碍——很轻微，但足以使飞行器失去与地球的主要联系。除非做出补救，否则登陆舱下降过程的所有校正信息都将丢失，因为数据会被立刻延迟，如果轨道飞行器不能捕捉到这些信号，所有这些无价的信息都将射入太空，完全失去价值。及时迅速的行动得到了实施。计划者们得以使用低能量的通讯联系，没有数据遭到永久性的丢失，虽然直到在乌托邦降落之后问题才得以解决，主要的通讯联系得以恢复。

是火星继续给人们又一个似乎永无止境的惊奇的时候了，而这颗行星的表现也确实如此。视野中并没有显示出有着大量的沙丘，以及风扬起的尘埃的和缓起伏的地形，乌托邦与金洲的景色看来十分相似。一位调查人员陈述说它看起来像是"岩石的森林"。视野中没有明显的陨坑：最近的大型撞击坑：米氏撞击坑位于西边125英里；也没有像金洲地区那么大的圆石，这里的岩石看起来更“整齐”，岩基也要稍微平坦一些。另一方面，中型和小型的岩石非常多，而且其中的大多数有着泡泡状的外观。气泡呈孔洞状，融化的岩石在流动熔岩的表面或表面附近冷却时就会形成这种情况，这样内部的气泡才能逃逸。毋庸置疑的是，乌托邦是一个火山地形，并具有各种其他的岩石类型。有断层的角砾岩（即破碎的岩石，由其他岩石在高温高压下形成），也有至少一个捕虏体岩的典型例子——也就是说“岩石中的岩石”，其形成的过程很可能是这样的：一块相对较小的石块正处于熔岩流经的途中，从而裹上了一层岩浆，而岩浆最后凝固了。同样存在的还有大量粉末状的物质，情况和第一个登陆地点一样，但视野中没有类似的沙丘，这里的地形蜿蜒曲折，看起来非常像干涸已久的河床。

146 不过，第二个登陆舱得到的结果与第一个并没有本质的不同。7.7毫巴的中等大气压，暗示金洲与乌托邦之间有明显的高度差异，温度在−23～−114华氏度之间变化。风仍然很轻，而且也同样具有较大变化，虽然这里的风速偶尔会达到每小时30英里。这一次地震检波器可以正常工作，大家都放下心来，但它并没有记录下任何的火星震，这非常令人惊讶。如果这个仪器被安装在南加利福尼亚这样的地方，将会持续不断地记录到震动。不过，仪器的确传回了一些震动的信息，这些震动是登陆舱本身在进行各种操作时的机械运动引起的。“登陆舱2号”记录下第一个火星震是在1977年2月。

与此同时，一些新的部署正在进行之中。已经知道，在11月10日之后的几周，与火星的联络将会中断，因为这段时间里火星将几乎紧贴在太阳背后。火星“合”的时间是11月27日，在此期间，信号会被太阳射电辐射所彻底屏蔽，直到圣诞节稍后才能够继续接收到信息。因此，两只轨道飞行器奉命执行一项名为“职务大变动”的操作，这样，“轨道器1号”开始充当“登陆舱2号”的中继站，把“轨道器2号”解放出来，独立进行工作。“登陆舱1号”将进入减量状态，每天发回较少的信号。

在峰值期间，每个登陆舱可以通过两种途径与地球联 147
系：直接联系，或者通过轨道飞行器的中转。这两种途径的通讯质量是相同的，但每个火星日使用直接联系的时间不得超过一个半小时（这被称为“实时”的过程），而通过中转的联系可以发回更多的信息，而且更为迅速。（全部从地球发给登陆舱的命令都是直接联系的。）轨道器被投入的轨道保证它们每个火星日正好环绕火星一周，这样它们在每个周期经过对应的登陆舱的时间是固定的，这种轨道叫做同步轨道。在9月11日，这种情况得到了调整。“轨道器1号”的发动机点火16秒，这足以破坏它与登陆舱之间的同步联系，并将轨道周期减小为21.3小时。换一种说法，现在轨道器每21.3小时就会达到一次它的最低点，而不是以前的每一个火星日。既然它提前到达了最低点，前一天的参考点就会落到它的西边，其距离等于行星表面在3.3小时之内转动的距离（这个时间是一个火星日与轨道器目前周期之差）。所以，对一个火星表面的观察者来说，轨道器好像是逐日地向东远离，而在环绕行星“漫步”一周之后重新出现。

在9月24日，轨道的最低点正好位于“登陆舱2号”的垂直上空，另一个操作将轨道周期恢复为同步值，这样“登陆舱2号”就重新得到了中继站的全部支持。“轨道器2号”已经开始了相似的“漫步”，继续发回完美的图片，同时发回的还有大量的各种各样的信息。万事顺遂。

148

第十一章　寻找生命

火星上一定有河流。仅仅是大陆和海洋的存在就证实了火星壳层的升降活动。火星上一定有火山爆发和地震，它们一次又一次的塑造着火星壳层。因此，火星上也一定有高山和小丘、山谷和沟壑、分水岭和河流……

这并不是来自喷气推进实验室（JPL）的报告。早在1871年，英国天文学家R·A·普洛克托就写下了这样的对火星的描述。从此，人们就认为火星与地球在很多方面非常相似，生命的存在也就被认为极有可能了。为什么不呢？

尽管那些古老的河床显示，在遥远的过去曾经有水存在，但我们现在知道火星上的气压太低，表面水无法存在。而冰就另当别论了。早期的“水手号”发现火星极冠成分是固态二氧化碳的时候，人们对此曾大为失望。在第一次火星飞行之前，人们认为极冠只是一些含有少量冰的、薄酥饼厚薄的霜状物。我曾经估计过，如果这些冰全部融化，也不够填满威尔士面积大小、温德米尔湖[①]深度的湖泊——这说

① 英格兰西北部湖区500多个湖之一，度假胜地。——译者注

明即使掌握了现有的最有力的证据，人们也会做出大错特错的判断！

也许“海盗号”探测早期最重要的发现应该是这一点：火星的极冠并非仅由二氧化碳组成，在两极各有一部分残留的水冰冰块。北极的冰块直径大约为600英里，而南极的冰块直径超过200英里。“海盗2号”飞船在环绕火星的第22次飞行中测量了北极温度，并获得了看来是结论性的结果。极冠周围的黑暗区域最高温度达−28～−27华氏度，而白色极冠 149
温度则低得多，仅有−90华氏度。这的确相当寒冷，却仍然处于固态二氧化碳所能存在的最高温度之上，这就说明，极冠中的残留冠状物——指一直存在、在火星的夏季也没有消失过的部分——一定是由水冰（H_2O）构成的，也许厚达数十英尺。同样的推理对南极极冠或许也成立；两极极冠都是被季节性的固态二氧化碳（干冰）所覆盖。

两个极冠在面积和成分方面都有差异。这是由于南极更为险恶的气候造成的。请记住，南半球夏季时，火星正处于近日点。可以预测的是，南极极冠可延伸到南纬55度，这比北极的对应部分的任何时候都要大，虽然——就像我们已经注意到的——南极残留水冰极冠的最小面积比北极极冠最小的面积小得多。它最小时直径200～250英里，而北极极冠最小直径仅略小于600英里。而且，北极的残留极冠完全由冰组成，而南极的残留极冠则是冰和干冰的混合物。在夏季的时候，北极的二氧化碳覆盖层完全消失，而南极则一直有干冰存在。在火星北半球的春夏两季，大气完全清晰透明，干冰暴露在太阳的辐射之下，升华成为二氧化碳气体，而在南半球的春夏两季，大气中充满尘埃，使表层的干冰免受太阳辐射。

极冠生长的时候，其表面会生成二氧化碳云，这样我们就很难观察到极冠生长的情况。当这个云层形成的遮罩消失时，极冠已经生长完成并处于季节循环中。注意，顺便提一下，当极冠缩小的时候，它并不是“融化”了，而是升华——也就是说，它在气温升高时由固态直接变成气态。说到大气中的水汽，“海盗号”发现，即使这些水汽全部凝结，也只能在火星表面覆盖一层薄霜——而极冠冰中的水则能在火星表面产生至少30英尺的覆盖层。另外，由于大气稀薄，这就意味着在诸如希腊等低洼地区一旦生成大量水汽，就能使当地的大气饱和，例如希腊等地区。日出后，地面的冰很快蒸发形成地表的雾气，下午的时候水汽又会重新凝结成冰。根
150 据“海盗号”的测量，火星大气对流层顶的高度被给定为75英里，二氧化碳云能上升到15英里，水冰云可以达到5英里，而尘暴云至少能达到25英里。正如我们看到的，能穿透尘埃的最顶层的，常常只有火山的顶部。

一旦登陆器在火星顺利着陆，它们就可以开始分析表面物质的元素构成。每个登陆器都装备有表面取样器，也就是通常说的抓钳。它由一个制作精巧的可收缩的拉杆及其顶端的收集器组成。拉杆由两根不锈钢条从边缘部焊接而成。简单地说，收集器是个有可移动盖子的小铲。它不仅能收集火星“土壤”带回登陆器分析，还能挖掘沟槽。它甚至能翻转普通大小的岩石，以取得它下面的土壤样品。当然，所有的登陆器操纵都要先在地球上模拟，以确保它们能正常工作。

“海盗1号”的收集器起初出现过故障，它的一条闩被卡住，使得收集过程不能完成。设计者决定延长拉杆，使它超出原来的位置。这个做法被证实是有效的。阻塞的闩松落到地上，随后人们就地给这条闩拍了照。（似乎很具讽刺意

味：这条3英寸长的闩差点毁掉人类所设计过的最精巧复杂的实验之一。）最后，在登陆后的第8个火星日，也就是地球上的7月28日，收集器成功收集到了一个样品，并且挖出了一条3英寸宽、2英寸深、6英寸长的沟槽。重要的是，这条小槽的侧壁没有倒塌，而物质非常软时很可能发生这样的情况。

对火星物质组成的初次研究，是通过宇宙飞船携带的X射线源进行的。当高能X射线轰击样品时，著名的荧光现象会使其发射相对低能的X射线。不同的元素有各自的特征射线，这样就能通过射线确定元素的身份。这次火星没有让人们感到惊奇。研究表明，火星物质的组成成分如下：12%～16%的铁、15%～30%的硅、3%～8%的钙、2%～7%的铝、0.25%～1.5%的钛以及多种微量元素。与地球和月球的对比表明，它与月海的组成成分最为相似。这并不令人惊讶，因为人们早就知道，月海是布满岩石和熔岩的平原。

151 另一项有趣的研究与磁物质有关。这个星球上有着小磁石构成的阵列，“海盗1号”的取样臂成功收集到了许多颗粒，发现火星土壤中含有3.7%的磁物质。这些物质中大部分很可能是一种叫做磁铁矿的铁氧化物。更久之后，1997—1998年的“探路者号”和“全球勘探者号”探测计划使得对火星表面物质的具体研究成为可能，并发现火星的星球磁场虽然微弱，但确实存在。

大气中有着大量固有水分，并含有一定量的氮，再加上并非低到不可能的温度，合乎情理的推测是：寻找生命的前景十分光明。尽管期望能寻找到的不过是非常低等形式的生命组织，但对任何形式的生命的发现都有非比寻常的意义。实验一旦可行，便立即付诸实施。

我并不打算非常详细地讨论这些实验，这里给出的说明都过分地简化了，但我希望它至少能够成为一个参照。基本上有三类实验，全部都由登陆器实施。它们是：

1. 热解释放实验。热解即有机化合物被加热分解。这个
152 实验基于的假设是火星上的生命也和地球上的生命一样含有碳。碳元素的某种同位素C^{14}具有放射性，因此能比较容易地探测到。实验的设想就是利用这种放射性同位素来调查火星样品是否会吸收碳元素。

样品在实验箱中被加热了5天。实验箱中的大气与火星表面很相似，只是将大气中部分一氧化碳和二氧化碳用C^{14}适当地做了标记。为了使实验环境更加真实，实验箱被人造阳光照亮，以帮助进行光合反应现象（绿色植物把二氧化碳和水生成有机物的过程）。惟一与实际情况不同的是：人造阳光中没有短波紫外线，而这种由太阳发出的射线很可能已经摧毁了火星已有的生命组织。

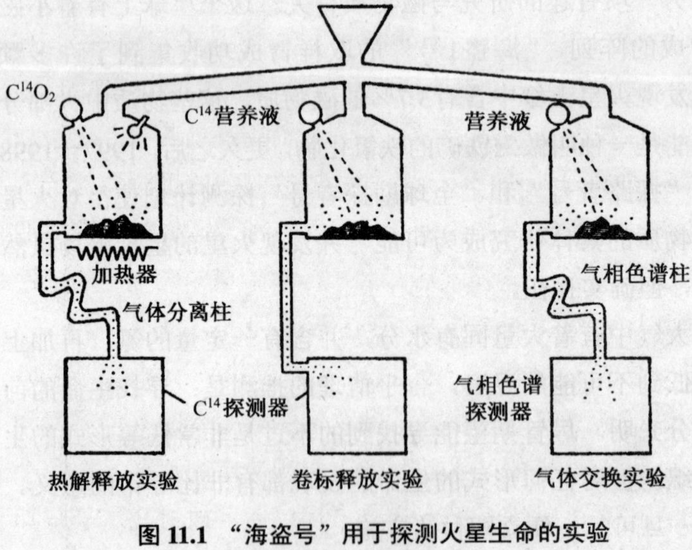

图 11.1 “海盗号”用于探测火星生命的实验

在11天的孵化期后，实验箱被加热到华氏1 160度。这样的温度足以分解任何有机化合物（就是我们提到过的热解）。一股惰性的氦气体从实验箱中溢出，并将气化了的热解产物扫入一个探测器。该探测器能探测出被火星生命（如果存在的话）吸收了的C^{14}。如果没有发现C^{14}，就可以认定没有生物活动，或者说没有生命。然而肯定的结论却不能通过这样的途径来确定，因为气体放射性的“第一次高峰”可能并不是由生命活动引起的，也有可能是与生命活动无关的化学过程。第二次加热使温度达到1 290华氏度，这能使任何被探测出的有机物转化为二氧化碳，C^{14}再次出现，并产生第二次“放射高峰”。

两次高峰都出现了，但都不能推出肯定的结论。两个登陆器在后来的实验中都采用了相同的模式。这其中涉及的样品都经过严格消毒，以杀灭可能存在的已有的生命。

2. 卷标释放实验。这个实验也用到了C^{14}，并假设如果火星样品中有任何生命存在，水加入样品会触发一系列生物反应。实验中的大气仍然与火星表面大气相似，只是在第一次 153
实验中实验箱在孵化期保持黑暗，这一次则不是。收集器收集来的样品被含有C^{14}以及地球生命所需要物质的营养液所滋润。样品上部的大气在一台能够探测放射线的探测器的严密监测之下。生命组织被认为会放出含有碳元素的气体，而通过C^{14}就可以检测到这种气体。因此，实验箱的大气中的任何放射线都将成为生命存在的强烈指示。

初步实验的结果让人吃惊。营养液第一次被滴入实验箱，放射线就立即迅速增多，帕萨迪纳实验室的人们显得相当兴奋。然而，事情结果并不像人们所希望的那样。在一个火星日之内，放射线水平下降，一周以后，放射线水平平稳了下来。在这个7天周期的最后，又有一些营养液被加入实验箱。结果又立即释放出更多的C^{14}，但随后总量下降了30%，之后又有非常缓慢的回升。

研究者不明白为什么会有这样的结果。样品的反应没有说明存在生命，也没说明不存在。这成了一个谜团。在后来的一个实验中，样品被“冷消毒”，这样就可以区分纯化学反应和更为敏感的生物反应。这样获得的实验值比没有经过处理的样品要低，但高于经过完全消毒的样品。

3. 气体交换实验。这是所有实验中最灵敏的实验，也是第一次没有用到C^{14}的实验。这次使用的主要假设是火星上任何生命活动都与水有关。实验要验证的是：适当的营养液是否会使生命物质放出气体，从而改变实验箱中人造大气的组成。人造大气由二氧化碳、作为参照标准的惰性气体氪以及用来提升气压的氦气组成。样品被放置在实验箱底部的一个多孔杯里，同时箱子的底部被加入了以水为溶剂的含多种普
154 通营养物质的溶液。这种溶液被戏称为“鸡汤”，不过我怀疑是否真有美食家喜欢它的味道。在第一周之内，液体的水平面被保持在多孔杯之下，因此只有水汽能够进入样品。而后液体水平面升高，并浸润样品。实验箱中的大气接受定期测量，以确定是否发生了变化。

这一次大气成分仍然立刻就发生了变化。“鸡汤”加入实验箱后，立即有大量氧气从样品中释放出，释放量是任何所知反应能解释的15倍。同时释放出的还有二氧化碳及一定量的氮气。但一段时间后，这些气体的量都有显著下降。当样品被湿润以后，没有任何氧气再放出，二氧化碳的含量也有所下降。2亿英里外的研究人员陷入了沉思。就算是样品来自于很少有机会被水分湿润的沙漠，这样的结果似乎也无

法解释。最后他们认定实验箱中发生的不是生物反应，而是化学反应，样本释放出的氧气和气体是由于某些不稳定的氧化剂与营养物质的反应。

我对上述的实验颇费了一些笔墨，因为它们不仅非常重要，并且构思新颖。两架宇宙飞船周围已经是遍布沟槽（有人说登陆器周围地区看上去有些像一个采矿工地了），样本也尽可能地得到检验，有些样本甚至来自于被收集器翻转或推开的岩石下面。“海盗2号”10月份抓抱住的一块岩石无论如何都无法移动，很显然，这块岩石的大部分被埋在了火星土壤之中。另一块略小的岩石被推开了8英寸。火星时间10月25日上午6：45，收集器从它半小时前移动的岩石下面获得了一铲土壤。然而采用这些样品的实验结果仍然不确定。主要研究人员杰拉德·索芬博士简明地总结了实验结果。在“登陆器2号”发来了一些结果之后，他沮丧地说道：“尽管种种迹象表明火星上存在生命，但我们却无法找到任何生命实体。”

我想大部分人都和我一样，希望登陆器能明确地告诉我们火星上是否存在生命。但这并没有实现，即使是20多年后的现在，我们仍然不知道结果。不过，“海盗号”至少取得了我们所期望的实验结果，所有的实验也运转正常。飞行器仍然在环绕火星飞行，登陆器也仍在火星地面待命收集样品。它们当然应该是20世纪最成功的宇宙飞船之一。 155

第十二章　火星的碎片？

1998年1月，我发现自己身处南极，站在那个冰天雪地的世界，惊叹着冰山和企鹅的神奇。这是一个奇妙的世界，面积大于欧洲，人口密度却为零。现在这里已经有了科学基地，一个大天文观测台也正在南极极点处建造。但直到如今，南极在某种意义上仍未被人们扰乱。这意味着南极是科学研究尚未涉及的处女地，它尤其是陨石收集者的天堂。

大部分人对流星很熟悉，它们是彗星经过后的残余物产生的。普通的流星体比沙砾还要小，当这些残余物冲入上层大气，并以每秒45英里以上的速度运动时，就会与空气粒子相摩擦，释放出的热量使它燃烧，放出微弱的光芒。我们将这些残余物称为流星。而陨石却大不相同，它与彗星无关，被认为主要来自小行星带。实际上一颗小的小行星与大陨石之间并没有什么区别，只是陨石通常指实际降落到地面上的天体。它们中的大部分由岩石、铁或两者的混合物构成。至今已发现了数千块陨石，其中不乏体积庞大者。在南非霍巴维斯特地方发现的陨石重量超过60吨，至今仍然躺在它在史前时代降落的地方。

由于陨石在大部分人看来外表与普通岩石的碎片并无两样，所以大部分陨石并未被发现。但在南极情况则有所不同，虽然在被考察队队员们发现之前，这里的陨石也许已经静静地躺在这儿很长时间了。在细致的搜索之下，人们发现了很多陨石样品。其中有一块在若干年后的研究中被发现具有特殊价值。由于这块岩石是在南极冰冻的阿兰西尔斯地区发现的，因此被命名为ALH84001。它的长宽高分别为6英寸、4 157
英寸、3英寸，形状很像土豆，重量超过4磅。被采集的时候，它的表面部分覆盖着黑色的熔化了的玻璃状物质，仿佛被浸泡在焦油中一样。当时它看起来并没有什么与众不同的地方。但是，在1993年的检测中，人们发现它是一块SNC陨石，也就是说，它被认为是来自火星的陨石。

人们总共发现了12块SNC陨石。最初的三块分别来自印度的谢尔戈蒂、埃及的纳克拉以及法国的沙西格尼，它们的名称正是用它们的发现地命名的。以下是这12块陨石的列表：

名　称	发现地	发现时间	质量/克
沙西格尼Chassigny	沙西格尼，法国	1815年10月3日	4 000
谢尔戈蒂Shergotty	谢尔戈蒂，印度	1865年8月25日	5 000
纳克拉Nakhla	纳克拉，埃及	1911年6月28日	40 000
拉菲耶特Lafayette	拉菲耶特，印第安纳	1931	800
戈芬纳多尔·瓦拉达勒斯Governador Valadares	戈芬纳多尔·瓦拉达勒斯，巴西	1958	158
扎加米Zagami	扎加米，尼日利亚	1962年10月3日	18 000
ALHA77005	阿兰西尔斯，南极洲	1977年12月19日	482
大和793605	大和山脉，南极洲	1979	16
EETA79001	埃里芬特·莫瑞恩，南极洲	1980年1月13日	7 900
ALH84001	阿兰西尔斯，南极洲	1984年12月27日	1 940
LEW88516	刘易斯·克利夫，南极洲	1988年12月22日	13
QUE94201	伊丽莎白女王区，南极洲	1994年12月16日	12

纳克拉陨石降落的场面异乎寻常。在天空中云团和剧烈爆炸的警示之后，当地居民发现有大约40块岩石从天而降。

这些陨石总重量约88磅。其中有一块还砸倒了一条狗，这个不幸的家伙在错误的时间出现在了错误的地点。SNC陨石中单块最大的是1962年10月3日降落在尼日利亚的扎加米陨石，它的重量为40磅。伴随着巨响、烟雾和重重的撞击，这块陨石降落在一位正从他的玉米地中驱赶乌鸦的农民身旁，距离他仅有10英尺，在地面上砸出了一个深达两英尺多的洞。这一定是很恐怖的经历！

158 许多研究者确信SNC陨石确实来自火星。据说它们的成分与火星表面成分一样，陨石中含有的少量气体成分也与火星大气成分一致。这些陨石是火成岩石，由母体壳层中的熔岩结晶而成。陨石ALH84001就是这样在45亿年前形成的，当然其他的SNC陨石要比它年轻得多。不过，在ALH84001被确认为SNC陨石一年之后，空间探测器发回了更精确的数据，使得它与火星表面数据的吻合并不像最初那么完美。

真正使ALH84001吸引公众注意的，是关于该陨石含有一些天然的微小有机物，也就是微生物化石的论断。值得一提的是，1996年8月6日，NASA的负责人丹涅克·S·戈登发表一项报告说："NASA已经令人惊讶地发现火星在30亿年前可能存在过原始形态的微生物。这项研究对1.3万年前降落在地球上的火星陨石做了细致的检测。这些证据是鼓舞人心的，甚至是令人信服的，但却不是结论性的。它需要科学研究的进一步证实。NASA已准备就绪，进一步对该发现做严格的科学研究及科学论证。"但他又谨慎地说道："我希望大家理解我们并不是在说'小绿人'，而只是与地球细菌有些相似的微小的单细胞结构。现在仍没有迹象表明火星上存在更高形式的生命。"

克林顿总统称赞这项发现是"令人敬畏的"，它的价值属于全人类。让我们来看看在此一周后英国全国性报纸的头条：

《火星生命的化石线索》（《每日邮报》）
《地球欢迎火星人入侵》（《周日时报》）
《火星的发现使生命重归太空种族》（《独立报》）
《我们不再孤单？科学的红字日》（《标准晚报》）
《火星生命存在的铁样事实》（《快递报》）
《火星生命：官方消息!》（《镜报》） 159
《克林顿高度赞扬关于火星生命的发现》（《泰晤士报》）

然而从一开始，这个发现中就有值得怀疑的地方。尤其是那些“生命结构”小得令人困惑。它们中最大的也不超过500纳米长。1纳米仅是1米的十亿分之一，比人的头发的百分之一还要细，比地球上所发现的任何微生物的百分之一还要小。据说它们的形状看起来很像蠕虫。它们可能是“变成化石的细菌”，但也同样可能并非有机物质。这些结构是同PAHs（多环芳香族化合物）一样的油脂类分子。而PAHs既可以由活的生物体的分解产生，也可以通过非有机过程产生。值得注意的是：在南极冰层以及那些并不被认为是来自火星的陨石中，也发现了PAHs的存在。

并且也应该考虑到地球方面污染的可能性。19个世纪的奥盖尔陨石就是一个例证。起初陨石中据称含有标示曾存在生命的“有组织的分子”，而后发现这些“有组织的分子”只是陨石着陆后沾上的树木花粉。总之，ALH84001含有过去的火星生命，这一发现是建立在非常不确定的证据之上的。有可能随着时间的推移，其生物学上的解释会越来越缺乏说服力。

然后，让我们来看看SNC陨石来自火星这一说法是否建立在坚实的基础上。这些SNC陨石是如何到达地球的呢？

它们绝不可能是从喷发的火山而来。请记住，火星的逃逸速度大于3英里/秒，没有任何火山爆发能使石块加速到这个速度。所以惟一可能的答案就是：岩石在剧烈撞击下飞离火星。

过去地球曾经历过剧烈撞击，火星也必然遭受过同样的命运。在亚利桑那99号公路附近，你可以发现一个直径达1英里的撞击坑，它已经成为一个著名的旅游景点。另一个形
160 成得很完备的陨石撞击坑[①]位于澳大利亚的沃尔夫湾。有一个著名的理论认为，6 500万年前的一次剧烈撞击使无数陨石残骸进入地球大气，从而完全改变了地球气候，导致恐龙的灾难性灭亡。（我必须坦言我对此表示怀疑，但它广被接受，自然就不能被排除在可能性之外。）如果有1英里以上大小的物体撞击火星，就极可能有若干岩石被抛出。

按照这个思路，我们来探讨一下ALH84001。它是1 600万年前在撞击下飞离火星的。一开始它应该并没有直接进入与地球轨道相交的轨道，而是进入了环绕太阳的轨道。这个轨道最初与火星本身的轨道并没有很大区别。与太阳的无数次邂逅减弱了火星对陨石的引力影响，并使它们最终分离。ALH84001独自飞行。实际上它此时已经成了一颗微小的小行星。通过某个偶然的机会，它的飞行轨道与地球轨道相交，并于1.3万年前降落在南极，留在那里，直到被陨石收集者们发现。

以上这些都是可能的，但在我看来却有太多的偶然性，

---

① 严格地按字面上的解释，这样说是不对的，应该说是“陨石的”撞击坑。 ——原注

尤其是在它们似乎令人激动和感兴趣的时候。这些结论的推导过程很有可能过于跳跃，并不完备。

研究人员对另一块SNC陨石EETA79001也做出了同样的论断。这块陨石于1980年在南极埃里芬特·莫瑞恩这个地方被发现，重17.4磅，是第二大的单块火星陨石（仅小于扎加米陨石）。据称EETA79001含有微小化石，尽管这比ALH84001更不确定。有趣的是，EETA79001比ALH84001年轻得多，年龄仅为1.8亿年。如果它是来自火星的陨石，那么它应该是在60万年前飞离火星。这一点确实很重要。如果火星生命曾在过去50万多年前存在，那么它现在或许仍然存在。

争论还在继续，结论还有待检验。这里我只能给出我自
己的观点。我承认自己并不认为SNC陨石中的蠕虫状结构是 161
真实的化石。同样我对这些陨石来自火星这点也表示怀疑。但也许我是完全错误的，若干年后应该就能得到结论。如果一切顺利，在2005年之前[1]我们就能将探测机器人发往火星，并使其登陆火星，收集样品带回地球检测。这可以一次性地完全解决火星上是否曾存在生命结构这个问题。

我满怀兴趣地等待最终结果。如果最终我是正确的，我将毫不犹豫地让人们注意到这一点。如果我是错误的，我将道歉并收回这些表示怀疑的观点，并尽量忘记我曾经有过这些想法！

---

① 2004年1月3日和1月24日，美国“勇气号”和“机遇号”探测器已分别实现了对火星的登陆，但是看来要实现这里所说的“一次性地完全解决”也没那么容易。——编者注

第十三章　重返红色星球

在“海盗号”探测任务之后，又先后有6个探测器造访火星。其中两个的主要目标是火星两颗卫星中的较大者：火卫一佛伯斯。我将在第14章具体讨论这两颗卫星。余下的4次造访中，有两次成功了，另两次则没有。

6个探测器中，首先是美国的“观察家号”探测器于1992年9月25日在卡纳维拉尔角由“太阳神3号”火箭送入太空。在此之前，人们对这次探测做了大量的准备工作（其总花费为8.45亿，与核潜艇的花费比较一下，你就知道这是很大的一笔花销了），因此对它的期望也很高。“观察家号”的大小与一张大办公桌差不多，装备有最先进、最精密的仪器。全部的装备共有8台实验仪器，包括一台磁强仪、一台伽马射线分光仪以及一台CCD相机。相机的分辨率可达5英尺，使用鱼眼镜头时可以每火星日扫描火星一次，这时分辨率可达1 000英尺——这样就可以跟踪观察火星天气。当探测器飞到火星背面时，则可以使用掩星仪器来改进对火星大气的分析。

发射曾被海岬地区的龙卷风短暂耽搁，但实际发射后的过程都按照计划顺利进行，“观察家号”安全进入了轨道。它在太空中往火星行进，预期进入围绕火星的椭圆轨道。最初它的轨道会经过行星的两极上空，而后经过调整，最终进入位于行星上空233英里处的圆形“太阳同步”轨道。这样观察家号就会一直停留在火星昼半球的上空。“观察家号”的预计使用年限为一个火星年。

在“观察家号”抵达火星后的第三天，也就是1993年7月26日，它获取了第一张火星图像。从这张图像上能看到几 163
乎没有任何云层遮掩的火星半球。但是灾难随后而来。作为飞行器“刹车”过程的一部分，无线电传送器被关闭，以保证燃料舱能被加压，将“观察家号”送入最终轨道。地面接收到“观察家号”的最后一个信号是在8月21日。而从此以后就再也没有任何消息。

在此之前，科学家们已经准备好了各种应急措施。例如，如果“观察家号”连续5天没有接收到来自地球的命令，那么它就会根据太阳调整自己的位置，然后切换到备用接收器。但这并没有成功。地球方面曾用尽办法使“观察家号”发回信号却毫无成效。最后在9月份，NASA小组宣布该任务失败。火星“观察家号”失踪了。

到底发生了什么？我们永远无法知道。有可能“观察家号”上发生了爆炸，也有可能它仍然在围绕火星或者太阳的轨道上。很遗憾，将来我们重新找回它的希望十分渺茫。

紧接着就是1996年11月16日俄罗斯（这时已经不是苏联）发射的“火星96”。这肯定是至今最为精巧的火星探测器了。它重6 180千克，具有3个稳定的轴，装备有20台实验仪器，可以覆盖各个领域的研究。主要的科学仪器被分别摆放在两个平台上，其他的则分散在探测器的各个地方。

飞船预计1997年9月12日到达火星，在此之前它要将两个小型的地面探测器投放到火星表面。这两个探测器在隔热盾的保护下进入火星大气，然后由降落伞减速，在气囊的缓冲下降落到地面。两个探测器将分别投放在理想平原和亚马逊平原。到达地面后，探测器上4片蚌壳状叶片打开，露出其中的仪器，并开始工作。另外两个探测器稍后会被投放到阿西达利亚平原和乌托邦地区。它们都会携带有挖掘器，这些挖掘器能像鱼叉一样进入火星土壤以下20英尺。

这些地面探测器预计使用年限至少为一个火星年，在这期间轨道飞行器会充当它们的中转站，同时完成自身所担负的勘测和重力研究任务。NASA小组同意对这一俄罗斯项目提供帮助，特别是在导航、飞行方面。这个项目无疑是充满野心的。据称，“火星96”上即使只有一半实验仪器工作正常，它就已经算得上一个真正的胜利。

164 而事实上没有任何仪器运转正常，因为飞船根本没能脱离地球引力进入太空。“质子”发射火箭的第四阶段将“火星96”送入了驻留轨道，而后就再也没有发动起来将它送往火星。于是飞船独自从发射器中分离并点火发动。但是它的引擎不能提供足够能量使它达到逃逸速度。几个小时以后，“火星96”又回到了低层大气并烧毁。它的部分残骸很可能坠落在了玻利维亚或者智利。而“质子”发射器于11月17日进入太平洋上空，并一度使人们误认为是探测器本身。

很不幸，俄罗斯探索火星的坏运气依然在继续。现在的希望全都寄托在了美国的两个探测器上：火星“全球勘探者”和“探路者号”。实际上，“火星96”发射失败时“全球勘探者号”已经在飞往火星的路途上了。它是在1996年11月7日从卡纳维拉尔角发往火星的，“探路者号”则是在12月4日发射的，但由于它采用了更为快捷的轨道，所以比“勘探者号”早两个月到达。

“探路者号”的发射标志着NASA探测火星的新时代，

无疑它也应该有一大部分归功于俄罗斯科学家的研究。它不像倒霉的“火星96”那样庞大沉重，运载飞船相对较小，直径仅为8.5英尺，高仅5英尺。探测器的形状像金字塔，三个侧面及底面均为三角形。它由电脑操纵并配有太阳能电池板。主照相机装在地面5米高处的一根长杆上。可以传输的电力为160瓦，预计寿命为30天——现在看来，这个估计是过于悲观了。

“探路者号”在卡纳维拉尔角由“德尔塔2号”火箭送入了一条弧度柔和的长轨道。发射和飞行过程中没有出现任何问题。在几乎围绕太阳飞行了半圈，也就是3.09亿英里之后，“探路者号”终于到达了火星。此时它已经距离地球1.19亿英里了。这比太阳与地球之间的距离还要远得多，所以从飞船发出的信号需要10分半钟才能到达地面的控制站。

这次计划者们并未试图使飞船进入围绕火星的轨道，或者像“海盗号”一样缓慢降落。“探路者号”将直接冲入火星大气，在地面上弹跳若干次后停落在地面上。为了实现这 165
个过程，科学家们用气囊包裹在探测器周围，希望这能够提供足够的缓冲，防止撞击造成损害。宇宙飞船是非常精细的，所以整个过程看起来非常危险，有的怀疑者甚至觉得这简直就是一场闹剧。“探路者号”被系在一个浮水气球上，有个作家说，要是有火星人在火星上观察“探路者号”的话，不知道它会被认为是什么东西。但事情已经决定，不管现在有什么意见都已经无法改变，在美国独立日1997年7月4日那天，“探路者号”终于降落到了这颗红色的星球上。登陆器立即被改名为卡尔·萨根纪念站，以纪念那位一直坚持用空间行动来探索太阳系秘密的天文学家。

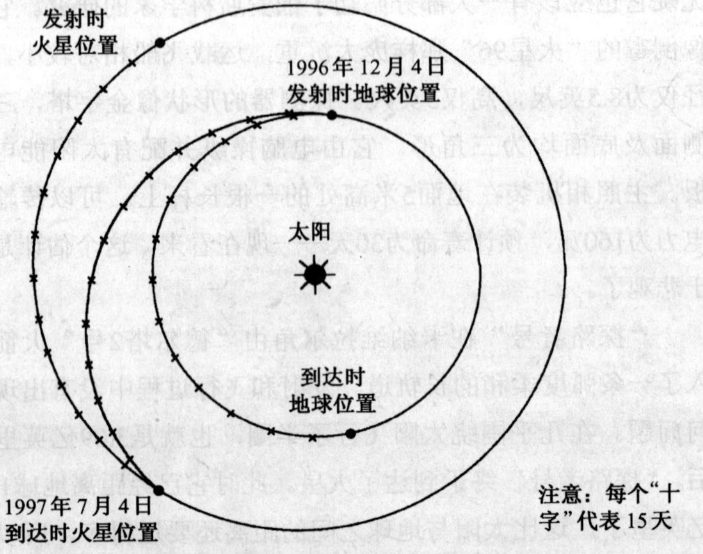

图13.1 “探路者号”的从地球到火星的飞行路线

随着这一关键时刻的到来，地面控制中心的气氛变得紧张起来。当然，由于来自火星的信号有10分钟的延迟，所以只有在所有操作全部完成之后，才可能知道结果是成功还是失败。在预计登陆时间之前37分钟，“探路者号”相对于火星以每小时1.6万英里的速度行进，距火星表面8 000英里。空间飞行的阶段已经结束，此时它开始为登陆火星做最后准备。由于降落点正处于火星的夜半球，这一切都是在黑暗中进行的。

在空间飞行期结束的半个小时后，“探路者号”触到了火星大气稠密层的上部，摩擦立即变得明显起来。“探路者
166 号”现在离地面只有不到100英里。这时它表面的隔热盾发挥了关键的作用，保证了“探路者号”的温度保持在可接受的范围内。直到离火星表面仅有6英里时，“探路者号”上的

降落伞系统才打开。隔热盾此时已经完成了自己的使命，在20秒后被弹出太空舱。降落伞的主要任务是降低“探路者号”的降落速度，它成功地完成了这一任务。20秒钟后，登陆器在一根长绳索的牵引下降落，速度已经降到略大于200英尺/秒。

离登陆还有8秒时，“探路者号”距火星表面还有1 000英尺，雷达命令气囊充气。4秒钟后，3个固体推进剂火箭点火，使登陆器得到进一步减速。而后绳索和降落伞就被抛弃了，不然的话，它们就会降落在飞船的顶部，又要招来不少麻烦。“探路者号”在最后的100英尺完全是按照字面意思“坠落”下去，以每小时55英里的速度撞到火星表面。和计划中的一样，它在地面上弹跳了至少15次，也许是17次。第一次弹跳的高度足有500英尺，后来的弹跳就不再这么剧烈了。“探路者号”停止了弹跳后又在火星表面上滚动了一分钟才停了下来。其间，它的弹跳总距离达半英里，但停止运动时正好是直立着的，这样就并不需要进行其他的操作，就能让被命名为“逗留者号”的火星车从太空舱中爬出来。几乎在接收到第一个信号的同时，NASA的计划者们就意识到了他们的成功。这的确是令人激动的时刻！

这时发生了个小事故：一个气囊降落时覆盖在了登陆器的上方，需要移开。问题很快就解决了，在第二个火星日，“逗留者号”早早地就从登陆后部的斜面“爬”了出来，准备开始它的活动。总之，很难设想再有更好的操作了。它确实弥补了火星“观察家号”的损失。

“逗留者号”体型非常小，长26英寸、宽18英寸、高不足1英尺，和普通电视机差不多大小。它有6个轮子，由电脑

167

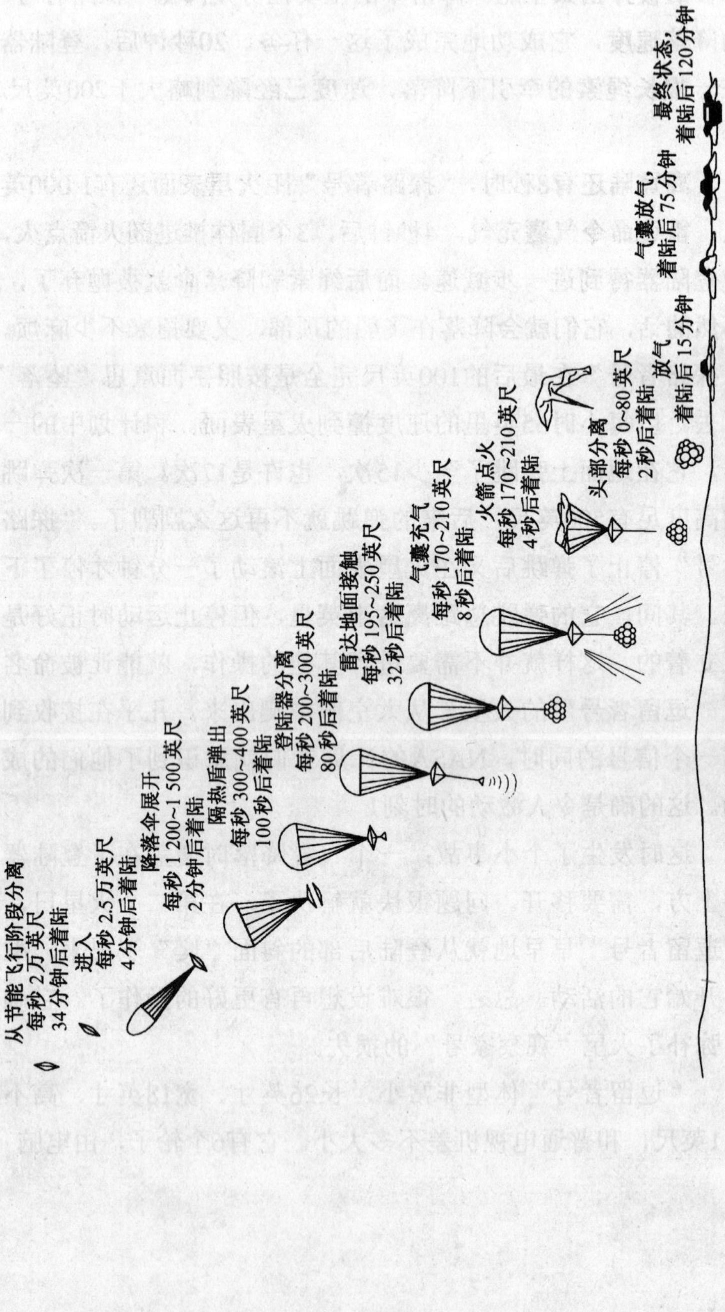

图 13.2 火星“探路者号”的进入、降落和着陆

操纵。装备的太阳能电池板能支持它每火星日工作7个小时。“逗留者号”最快速度约为每秒0.4英寸，算不上快，但它无疑非常灵活，可以翻过小的岩石，也可以绕过较大的障碍物。理所当然，它发回的探测数据需要通过登陆器中转。在离开主工作站30英尺后，工作站就“看不见”它了。但是“逗留者”装备有自己的照相机，所以地面控制站的NASA科学家能够在遥远的距离之外计划它的行程。也许逗留者看起来像个玩具，但它实际上是精密得令人惊叹的探测车，不可能在“海盗号”那个时代造出。它预计的工作寿命不到一个星期。 168

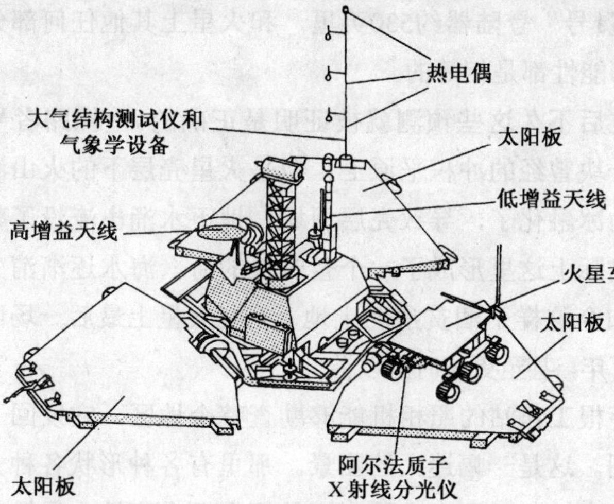

图 13.3 火星“探路者号”登陆器

选择的登陆地点是北纬 19.33 度、西经 33.55 度的战神谷（Ares Vallis）。选择在这里降落有很多理由。以火星的水准而言，这个地区相当平坦，面积大致与康沃尔郡[1]相仿。

前面我已经提到了那些古老的河床，它们肯定是被奔流

---

① 英格兰西南端的一个郡，首府是特鲁罗。——译者注

的河水刻画出来的。我也曾经说过如果它们的年龄真有几十亿年，那么它们就应该比现在有更多被侵蚀的痕迹。无论如何，这里无疑都有过奔流的河水，将各种石块冲击到低洼地区。位于珍珠大陆北部、阿西达利亚平原南部的战神谷曾经
169 就是这样的河流。在同一地区还有其他的这样的河流，包括680英里长的卡塞谷。这些河流中的水溢出到科学家们认定为古老冲积平原的地貌中，并带走了多种岩石。因此战神谷很可能就是地理学家们所说的刨蚀区域。带走的岩石可能是火山岩以及从撞击坑中被撞出的岩石。战神谷离已经沉默的“海盗1号”登陆器约530英里，和火星上其他任何部分被撞击的可能性都是相等的。

过后不久这些预测就被证明是正确的。“探路者号”降落在一块曾经的冲积平原上。似乎火星壳层下的火山活动使地下的冰融化了，导致壳层坍塌，地下水涌出淹没了整个地区。实际上这里形成了一个暂时性的海，海水逐渐消失，留下了如今这样干涸贫瘠的土地。无疑火星上最后一场雨是在几千万年，甚至更长时间以前。

萨根工作站的照相机能够勘查整个地区，它发回了一张全景图。这是一幅迷人的图景。那里有各种形状各种大小的岩石，有沙丘，也有土堆。远处还有两个高地，尽管实际上它们并不是非常高，但人们都戏称为“双峰”。火星上确实非常寒冷。白天火星气温可以上升到冰点以上，在某个风和日丽的白天气温曾达到14华氏度，但夜晚则是极度寒冷，气温低于-100华氏度。火星平均气压为6.74毫巴，还不足以允许液态水的存在。这里的风速非常平缓，晚上达到每小时20英里。虽然火星上经常有尘卷风，但在这样稀薄的空气中风的力量非常微弱，不足以损伤工作站。天空中可以看到与地

球上卷云类似的冰晶云，它可能至少有10英里高。

170

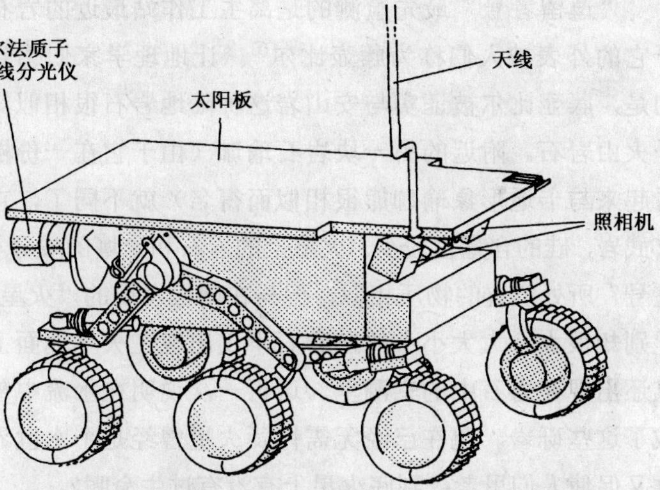

图 13.4 火星“探路者号”携带的火星车“逗留者号”

“逗留者号”在地面移动时在土壤上留下了轨迹，露出地面下颜色更深的物质。土壤的颗粒比滑石粉末更为精细，人们把它与在美国内布拉斯加发现的细小沙砾联系在一起。但更引发人们兴趣的是对这些岩石的分析。分析使用的是α质子X射线分光仪，或简称APXS。

APXS携带有少量高辐射性元素锔[244]，它能够发射α粒子，也就是氦原子核。“逗留者号”攀登上目标岩石并紧紧“抱住”它，这时APXS发射的α粒子能够轰击岩石。有时这些粒子与岩石相互作用并反弹回来，有时则会产生质子或者X射线。仪器对散射回来的α粒子、质子和X射线计数，并测量它们的能量。不同能量范围内的粒子数给出了岩石中元素的丰度以及岩石类型的信息。这些看起来似乎非常复杂，但意味着APXS能够具体研究岩石的化学组成，而这正是NASA科学家们所希望知道的。

“逗留者号”最先检测的是离主工作站最近的岩石，由于它的外表被人们称为藤壶比尔[1]。让地理学家们感到惊奇的是，藤壶比尔被证实与安山岩这种陆地岩石很相似，后者是火山岩石。附近的另一块岩石瑜珈（由于它在一份档案中看起来与卡通形象瑜珈熊很相似而得名）就不同了，它属于
171 玄武岩，硅的含量也较少。火星上的岩石和土壤的成分与“海盗号”所处位置的物质相似，但与在南极发现的“火星陨石”差别却很大。大大小小的鹅卵石不仅出现在火星地面上，而且还出现在岩石中的空洞里。这再一次说明在水流中曾经形成了这些砾岩。现在已经无需怀疑火星曾经是个水世界，但这又促使人们思考：到底火星上有没有过生命呢？

需要强调的是，即使火星上存在过生命，“探路者号”和“逗留者号”也无法发现，因为它们的使命并不是寻找生命。但如果它们能够采集火星表面样品并发回分析报告，这样的研究结果是非常宝贵的。这些都是仔细规划好的整个火星计划的一部分。

“探路者号”和“逗留者号”的工作时间都比原定期限要长，但它们不能够无限长时间地工作下去。最后一次成功地从火星接收到有效信号是1997年9月27日。而后它们的电力就明显不足了。10月2日和8日都曾接收到短暂的、不完整的信号，然后“探路者号”就陷入了“沉默”，自然“逗留者号”也就没有了发回信号的中转站。曾经有一段时间，地

① 岩石的这些昵称都非常有特色：其他的岩石叫做本垒、腊肠、美人鱼、壁球、水獭、布布熊、野餐篮子、平顶、Moe、楔形蛋糕、生姜、老虎、摇篮、Souffle、面包凳和沙漠公主。没有人能指责NASA的科学家们缺乏想像力！——原注

面控制站尝试与“探路者号”和“逗留者号”再次取得联系，但最终在11月4日，大家都不得不承认这次探测确实已经结束。登陆器总共发回1.6万幅图像，其中550幅发自“逗留者号”，再加上岩石分析及大量其他信息。这确实是一次意义深远的探测。

这次探测的收获不少。例如早上的“雾气”其实并不是雾，而是由云引起的。这次测量到的气温比“海盗号”测量的要高10华氏度，还有战神谷是否曾经是冲积平原的问题也得到了解决。但也许最重要的是，这次探测说明了“弹跳”登陆技术确实是可行的。加州理工学院的校长大卫·巴尔迪莫（David Baltimore）博士总结道：“这次探测大大拓展了我们关于火星的知识，也必定会成为我们将来探测这颗红色星球的引路灯。在非常有限的预算内很快地完成任务，‘探路者号’为21世纪的太空探索树立了榜样。”

整个1997年上半年，火星“全球勘探者号”（MGS）一直在飞往火星的旅途中，并于9月11日，也就是“探路者号” 172
即将完成它的光荣使命时，进入了火星轨道。MGS是类型完全不同的飞船。它是一台纯粹的飞行器，主体部分横截面积约5平方英尺，长近10英尺。太阳能板展开时长40英尺，能供应980瓦特的电力。MGS为三轴控制系统，计划工作相当长的一段时间。它预计从1998年3月开始主要的勘测工作，并至少延续到2000年1月，而实际上由于技术问题（一块电池板工作不正常），勘测工作推迟了一年才开始。这次任务的目标是探测火星各方面的数据，包括大气、表面特征、矿藏分布以及磁特征。当时普遍认为，火星并没有磁场。

火星表面没有水是个非常重要的问题。“探路者号”证实火星曾经是湿润的，但这些水后来到哪儿去了呢？当然在极冠中有大量的冰，在地表层以下也许还有永久冻土，但仍然有大量水不知去向。这些水或者是从火星逃逸了，或者是到了地下。虽然不大可能存在地下海，但地下冰也许要比预计的更多。人们希望MGS能够解开这些谜团。当然，首先要使MGS进入正确的轨道。

由于“德尔塔”号发射器能量有限，所以MGS要借助减速板进入最终轨道。它起初围绕火星的轨道是非常扁的椭圆形。每次轨道调整时，飞船都更加接近并进入上层大气，并在大气摩擦作用下减速。连续的轨道调整会使飞船的轨道越来越低，直到最终MGS进入围绕着火星、高度为250英里的圆形轨道。太阳能电池板的故障意味着这将比原定计划推后一年，也就是1999年3月才能实现，不过这并未影响到探测的整体效果。

飞船将进行若干目的明确的实验。火星轨道照相机（MOC）的任务是每天对火星进行广角拍摄，这与我们在电视新闻简报中看到的地球气象照片很相似，而非广角镜头所能拍摄到的物体长度不超过7英尺。火星轨道测高仪（MOLA）可以测量物体的高度和深度。发射器每秒向下发射10次脉冲信号，根据信号到达水平面并返回的时间，可以制作精度在
173 几十英尺之内的高度图。热发射分光仪（TES）用于分析火星表面的红外辐射，以测量地面温度、获得有关岩石和沙丘成分的信息。电子反射磁强仪（MRS）能够用来寻找磁场。这些仪器由火星中转站以及射电装置补给能量。

第一个重大发现是在轨道切入后的第4天，即9月15日：MGS探测到了一个磁场。虽然它很微弱，强度不到地球磁场的1/800，但却确实存在，而此前的俄国探测器给出的信息则是不确定的。不久之后发现这个磁场的情况有些复杂，火星

壳层中存在“地磁异常”。火星的地磁方向与地球的类似，所以在理论上指南针的指针应该总是指向北方的。但地磁异常常常会违反这个理论，这样，依靠普通指南针导航就只能碰碰运气。人们仍然不清楚，火星磁场是否和地球一样，是由于富铁核的发电机机制而产生的。

从一开始，MGS发回的照片就非常出色，它们所展现的细节之细致是以前的观测所不能比拟的。例如，在夜之迷宫地区峡谷的图片中，可以看到压条、被淹没的环形山以及风化形成的地面特征。火星的极冠厚达几千英尺——不久以前，人们还认为它们只是薄薄的一层灰白色的霜而已。测量精度达到1英尺的MOLA发现，极冠的大片地区惊人的平滑。最后，MGS从另一个角度观察了克里特地区的火星“人脸”，更多的细节表明，此前的与地球人脸类似之处其实并不相似。

当我写下这些文字时（1998年8月）MGS仍然运转正常，也必将会发回更好的观测结果。

直到最近，只有俄国和美国向火星发射了探测器。而在1998年7月3日，日本也加入了这一行列，发射了一颗名为“行星B”的轻质量飞船。“行星B”宽4英尺10英寸，高1英尺9英寸，是完全按照飞行器来设计的。强劲有力的M5火箭将其送
入太空，计划先围绕地球飞行几个月，而后飞往火星，并在近 174
距离轨道上围绕这颗红色行星飞行两年。它的目标是研究的火星表面以及太空环境。

探讨这次尝试是否成功还为时过早，但至今日本都保持着良好的太空记录，而“行星B”（现在更名为Nozomi，即日文“希望”）也很有可能做出有价值的贡献。如今，火星探索已经真正国际化。

另外两个美国探测器在本世纪末发射：“气候飞行器”

（1998年12月11日）、“极地登陆器”（1999年1月3日）。极地登陆器定于1999年12月降落火星南极，并展开一些有关表面轻微渗透的新的实验。计划在不远的将来还有其他探测任务，人类对火星的认识逐渐加深。

在赞叹这些太空探测的成功时，我们不能忽略了属于另一种类型的太空飞船的工作：哈勃空间望远镜（HST），它一直在地球周围绕行，不断发回信息。当然，它的镜头主要对准“遥远的太空”，但它也曾发回火星的精彩图片，其精度超过任何从地面望远镜获得的图片，并且HST的工作时限肯定比MGS长得多，因此它能够保持对火星的日常监测。然而最重要的是，必须承认，未来我们对火星的探索有赖于火箭。在向火星发射载人飞船之前，我们还有很多事情需要学习与研究，但至少在20世纪末期发射的这些火星宇宙飞船会为我们指引方向。

第十四章　火卫一和火卫二

我想，大部分人都读过乔纳森·斯威夫特的名著《格列佛游记》，确切一点说，是读过其中的小人国和巨人国部分。游记的其他部分不像这两章那么出名，但其中有一部分涉及了火星。文中，勒穆埃尔·格列佛博士来到一座空中小岛拉普塔，这很可能是第一个虚构的飞碟。高明的拉普塔天文学家发现了“两颗围绕着火星的较小的星星，或者说是卫星。它们中离火星较近的一颗距火星中心的距离为它直径的3倍，较远的那颗距离则为其直径的5倍；前者的绕转周期为10小时，后者为21.5小时”。换言之，靠近火星的卫星能在不到一个火星日内就绕转火星一周。

《拉普塔游记》作于1727年。当时的望远镜还不够大，无法观测我们现在所知的火星的两颗天然卫星。直到1745年斯威夫特先生逝世，这一状况仍没有改变。5年后，法国小说家伏尔泰写了一篇寓言小说《小大由之》，描绘了一个来自天狼星的生命游览太阳系的过程。伏尔泰在故事中也给火星配上了两颗卫星。

实际上，火星的卫星直到1877年才被发现，斯威夫特和伏尔泰的小说引导人们做出了非凡的假设。甚至有人认为我们远古的祖先已经利用光学仪器观察到了卫星。然而真正的解释却非常简单，伏尔泰本人也将其记录了下来。他说火星比我们的星球离太阳更远，没有两个以上的卫星，它怎么能运转呢？

18世纪中期，人们所知的行星卫星数量似乎构成了一个
176 数列。其中水星和金星没有卫星。（金星的卫星偶尔会出现，不过其实只是望远镜的“叠影”。）地球有一颗卫星，木星有4颗已知卫星，它们均由最早的望远镜观测者发现：伽利略1610年观察到了它们，几乎同时，其他观测者也发现了它们。土星当时有5名“随从”：1655年克里斯蒂安·惠更斯发现的土卫六泰坦，1671年至1684年间，吉奥瓦尼·卡西尼发现的土卫八伊阿培特斯、土卫五瑞亚、土卫四迪奥尼和土卫三特提斯。因此这个数列就是：金星0、地球1、木星4、土星5。合理的推测是：火星应该有2颗卫星，正如斯威夫特和伏尔泰在书中所描述的那样。

有了更大的望远镜之后，更多的卫星被发现了。到1850年，卫星的总数为18颗：地球1颗、木星4颗、土星8颗、天王星4颗、海王星1颗。靠近太阳的行星中只有地球有卫星。1783年，威廉·赫歇尔做了一次不成功的火星卫星搜寻，海因里希·达雷斯特（Heinrich d’Arrest）于1862年到1864年间在哥本哈根天文台的搜寻同样也不成功。天文学家此时普遍感到，诗人坦尼森（Tennyson）所谓“孤独的火星上的多雪极地”的描述是正确的。

随后而来的就是1877年火星大冲，斯基帕雷利正是利用这个机会绘制了火星地图，并第一次描述了火星上的“运河”系统。美国著名的观测者阿萨夫·霍尔也决定重拾寻找火星卫星的计划。霍尔的搜寻计划装备精良，因为他可以使用位于华盛顿的当时世界上最大、最先进的26英寸折射望远镜（望远镜的物镜由技艺精湛的克拉克磨制）。霍尔在8月初就开始

了搜寻。最初他和赫歇尔以及达雷斯特一样并不成功。当他妻子说服他至少继续观察几个晚上时，他已经处在放弃的边缘了。

8月10日，他像往常一样开始观测。开始并没有发现星空背景有什么异常，但在8月11日凌晨2：30，他发现一个黯淡的亮点出现在火星附近，这看起来似乎正是他要寻找的东西。

很遗憾，由于此后波多马克河附近降下大雾，霍尔仅仅来得及对这颗可能的目标物做了简单快速的观察。而后4个夜晚仍然是多云和大雾。直到8月16日，天气变得晴朗起来，霍尔才能够继续观察他那颗可能的卫星。他发现这颗目标物是围绕着火星运动的，它确实是一颗火星的卫星。在随后的夜晚，观测有了惊人的进展。最初的那颗卫星再次被观测到，并且在更靠近火星的地方发现了另一颗卫星。 177

霍尔于8月18日宣布了他的发现，这引来了人们的关注。在证实了更靠近火星的第二颗卫星是一个不同寻常的天体之后，人们的兴趣更浓厚了。几天后，霍尔写道："最初我认为那儿应该是2颗或者3颗卫星，因为当时在我看来，一颗卫星的公转周期比自转周期还要短是不可思议的。为了确定这一点，我在8月20和21日两个夜晚继续观察这颗卫星，发现这样的周期是千真万确的，而且靠近火星处确实只有一颗卫星，它的公转周期仅为自转周期的三分之一。这在太阳系是个独特的现象。"

这确实很奇怪。这颗更靠近火星的卫星——实际上是第二颗被发现的卫星——的公转周期被证实仅为7小时39分钟。因此估计这颗卫星上的火星月比一个火星日还要短。斯威夫特是正确的，虽然他的描述不过是出于臆测。

作为发现者，霍尔享有卫星的命名权。他写到："在诸多命名提议中……，我选择了英国伊顿的马丹先生的提议，将靠外的卫星命名为‘德莫斯’，将靠内的卫星命名为‘佛伯斯’。它们通常是指拉载战神（马尔斯，即火星的西文名）战车的马匹，但在它们的出处（荷马的《伊利亚特》第15卷）中已经被荷马人性化为战神的随从或者儿子……‘他（战神）传唤恐惧（佛伯斯）和恐慌（德莫斯）来驾驶他的战马。’”

火卫一佛伯斯和火卫二德莫斯这两个名字保留了下来。在几乎一个世纪之后，“水手9号”拍摄下它们表面的陨坑。霍尔妻子的闺名叫安琪琳·斯蒂克妮，于是，火卫一上面最大的陨坑便被命名为斯蒂克妮，而火卫二上最明显的两个陨坑则被相应地命名为斯威夫特和伏尔泰。

受到霍尔成功的鼓励，其他天文学家也开始寻找新的卫星，但他们都失败了。最近的尝试是1952年、1954年和1956年，G·P·柯伊伯利用德克萨斯麦克唐纳天文台的82英寸反射望远镜所开展的搜寻工作。最后他断定没有直径一英里以上的新卫星存在，我们现在也可以肯定，火卫一佛伯斯和火
178 卫二德莫斯是火星全部的天然卫星。

这两颗卫星都非常小，这也就是为什么直到1877年它们才被发现的原因。它们的形状也很不规则：火卫一为16.8×13.7×11.2英里，火卫二为9.3×7.5×6.2英里。从地球上看起来，它们只是小小的亮斑而已，在“水手9号”探测之前，我们对它们的表面情况一无所知。火卫一的亮度为12.1等，火卫二为13.3等，并非很暗。但由于它们非常靠近火星而被火星掩盖了光芒。火卫一离火星边缘从未超过20角秒，而火卫二则是65角秒，都不很远。用普通望远镜观察这两颗卫星的惟一办法就是用挡条遮掩住火星。我曾经尝试用我那架15英寸的反射望远镜来观察两颗卫星，但在极好的条件下也只

是勉强地观察到。安托尼亚蒂声称火卫一是白色的，而火卫二是蓝色的。我想他恐怕是加入了自己的想像。坦白地说，要想观察到像火卫二这么黯淡光点的颜色是不可能的。

很明显，火卫一和火卫二与我们巨大的月亮完全不同。它们的逃逸速度很低——火卫一约为30英里/小时，而火卫二约为15英里/小时——因此如果宇宙飞船降落在它们上面，那么采用系泊部位的方式着陆要比采取传统方式更为自然，而且宇航员身处卫星地面时，失重感也尤其明显。

火卫一在火星的赤道平面上，位于离火星中心5 800英里的上空，沿着一条接近圆形的轨道运动。这意味着卫星离火星表面还不到3 700英里，与从伦敦到亚丁的距离相近。身处火星高纬地区的观察者将永远无法观察到佛伯斯，因为它处于南纬或者北纬69度地区的地平线以下。（注意，从“海盗号”的位置以及“探路者号”都可以观察到火卫一，因为金洲平原、乌托邦平原和战神谷都在南北纬69度以下地区。）

安托尼亚蒂计算出了位于火星的观测者所能看到的图景，实际上他也是正确的。火卫一从火星赤道的西边升起，经过仅 $4\frac{1}{4}$ 个小时划过天空，再从东边降下去。在此期间，它的相位已经从新月到满月变化了半轮。火卫一连续两次从西边升起的时间间隔为11小时6分钟，而且它在上升过程中看起来比下降过程中要大得多。每个火星年中火卫一有1 330次 179
被火星的阴影所掩盖产生交食现象，仅在仲夏和仲冬不会受到火星阴影的影响。不过即使是在没有火星阴影影响的时候，火卫一仍旧不够明亮，不能作为夜间的照明源。

火卫二在火星表面1.25万英里的高空运动，这大概也就是从澳大利亚到英格兰的距离。它的轨道同样位于赤道平面

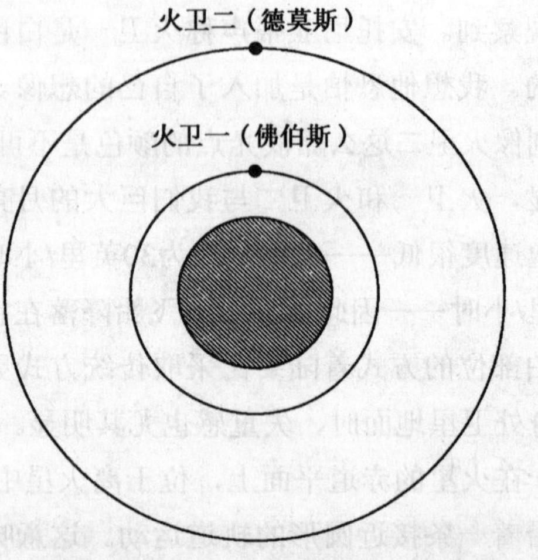

图 14.1　火卫一和火卫二的轨道，按照比例给出

内，是一个完美的圆形。火卫二的公转周期为30小时18分钟。火星自转时，火卫二的公转使其几乎与火星保持同步，因此它能够连续60小时保持在火星赤道的地平线以上，在此期间，它自身的相位将经历两轮变化。它在极地地区也是不可见的。火星表面北纬或者南纬82度以上的观测者都无法观察到火卫二。一年内，火卫二会发生130次交食，但它的相位变化用肉眼却很难观察到。它看起来与从地球上所观察到的金星类似，只是更大，而且暗得多。

这两颗小卫星经历着各种食和掩的现象，仿佛在宇宙中玩着捉迷藏的游戏。当然它们也会从太阳前面经过，但它们体积微小，不足以遮挡住太阳，因此也不可能引发日食。火卫一每年1 300次经过太阳前方，遮挡住太阳的1/3，整个过
180 程持续19秒。火卫二则每年经过120次，但只能挡住太阳的1/9，并于2分钟后通过太阳。将来肯定有人能观测到两颗卫星同时经过太阳的景象，这将会经常发生。当然，火卫一也能够遮挡火卫二。

在这里，我不得不提到1959年由尤素夫·什克洛夫斯基提出的一个奇特的理论。尤素夫·什克洛夫斯基无疑是世界上伟大的天文学家之一，但他关于地球外生命的观点却可能有些极端。曾经有迹象表明火卫一在它的轨道上加速，轨道高度也因此逐渐降低，并可能会在3 500万～4 000万年后坠落在火星上。最初的计算是B·P·夏普利于1945年做出的，并得到其他天文学家的支持。计算还提到：尽管火卫一位于火星的洛西极限——也就是易碎天体会被行星引力拉裂的危险区域——之外，但离这一区域并不很远。

什克洛夫斯基认为火卫一加速的原因是与火星大气的摩擦，这一观点产生了轰动。他进一步指出，在火星表面3 000英里以上的高空大气相当稀薄，因此无法影响大质量卫星的运动。由此什克洛夫斯基推测火卫一的质量一定轻到可以忽略不计。这说明它是中空的，也就意味着它很可能是一颗人造天体——实际上是火星人根据自己的需要发射的太空站！这一观点被飞碟狂热者紧紧抓住，更为赫歇尔和达雷斯特寻找火卫一（或者火卫二）行动的失败提供了极佳的理由：在1877年之前，这两颗卫星还没有发射升空呢。

天文学家们基本上没有受到上述观点的影响，而苏联科学院的成员却为此感到困惑。他们在莫斯科想尽办法演示这一过程。当若干年后太空探测技术确定无疑地证明火卫一和火卫二是天然天体时，我就此询问了什克洛夫斯基。他说他从没有想过要别人认真对待这个观点，而他的论文也不过是个玩笑。我想，对我而言最明智的是说一句：“无可奉告……”

在1969年以前，我们对火卫一和火卫二的物理特征一无所知。第一份直接的信息来自“水手7号”。它发回了一张在飞行过程中拍摄的照片，内容是在火星圆盘前的火卫一的轮廓。从照片上可以看出，火卫一的形状是不规则的。“水手9号”从近距离拍摄了照片，并发现两颗卫星都近乎是三轴的，
181 它们让人想起从一个大物体上碎裂下来的岩石碎片。

我们现在知道，火卫一和火卫二处于所谓的捕获自转，或者说同步自转状态，也就是说它们的轨道周期与自转周期相同：佛伯斯大约为$7\frac{1}{2}$小时，德莫斯大约为$30\frac{1}{2}$小时。这意味着两颗卫星一直都以球体上的同一面面对着火星，火星上的观察者永远无法看到它们的背面。

这并不奇怪，我们的月亮也和它们一样，总是以同一面面对着地球。直到1959年，俄国携带有照相机的“月神3号”升空围绕月球运转之后，我们对月球的背面才有了准确的了解。潮汐摩擦力是产生这一现象的因素之一，这对于火星的两颗卫星同样成立，它们就是这样被“刹车”的。必须提到，这两颗卫星相对于太阳的确是在旋转着的，因此它们表面的所有地方先后都能被太阳光照射。还有，它们的长轴是指向火星的。火卫一上的火下点——在这个点上，火星位于火卫一的正上方——位于大陨坑斯蒂克妮的外沿，而火卫二上的火下点则位于斯威夫特陨坑和伏尔泰陨坑的不远处。从火卫一上看，火星位于空中42度处，看起来非常显眼。甚至在离火星更远的火卫二上看火星也是非常显眼的[①]。

① 火卫一刚被发现时，是惟一的轨道周期比它主行星的自转周期短的天体。现在情况不再是这样了。靠近木星的两颗卫星木卫十六马提斯和木卫十五阿德拉丝蒂亚也是如此。木星的轴自转周期小于10小时，而木卫十六和木卫十五的轨道周期仅略大于7小时。木卫十五与火卫一大小相仿，木卫十六体积稍大。它们实质上似乎都是小行星。——原注

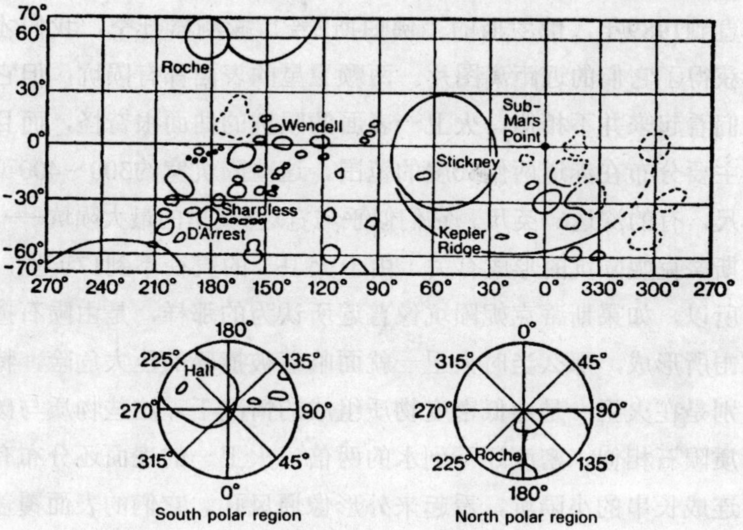

图 14.2　火卫一地图

182

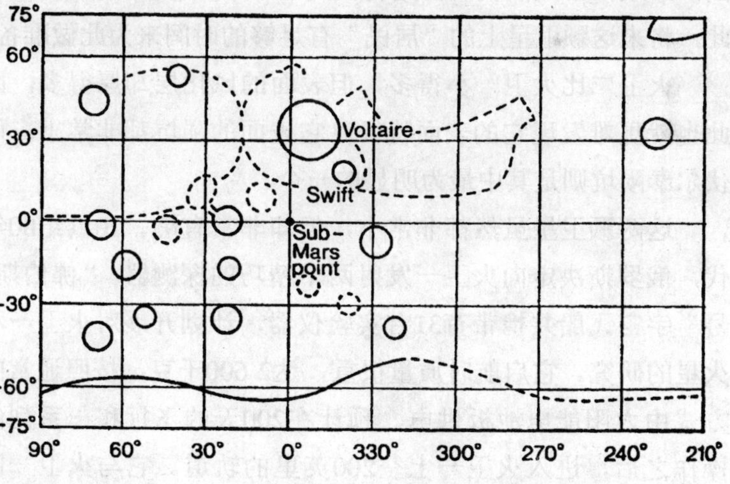

图 14.3　火卫二地图

“海盗号”飞行器对火卫一和火卫二都拍摄了照片，但直到1989年，俄罗斯的“佛伯斯2号”探测器升空，我们才获得了它们的近距离图片。两颗卫星的表面都有陨坑，但它们看起来并不相似。火卫一表面的陨坑的曲面很奇怪，而且主要分布在赤道两侧30度的范围。这些陨坑宽约300～400英尺，有的深达60英尺。它们似乎与宽达5英里的最大陨坑——斯蒂克妮陨坑的形成有关。由于火卫一的直径不到17英里，所以，如果斯蒂克妮陨坑像普遍所认为的那样，是由陨石撞击所形成，那么当时火卫一就面临着被撞碎的巨大危险，特
183 别是在火卫一是由低密度物质组成的情况下。这些物质与碳质陨石相似，密度还不到水的两倍。火卫一的表面还分布有连成长串的小陨坑，看起来外形像通风孔。它们的表面覆盖着一层稀松的风化层，厚度不到几英寸。顺便提一下，火卫一似乎的确是在螺旋下降的过程中，并最终会撞击到火星表面，形成一个大陨坑。但这将在约5 000万年后才会发生，因此，将来这颗卫星上的“居民”有足够的时间来为此做准备。

火卫二比火卫一小得多，但表面的风化层却厚得多，因此也就更难发现它的表面特征。它表面的陨坑都非常小，而伏尔泰陨坑则是其中最为明显的一个。

这两颗卫星虽然都非常小，但却非常有趣。20世纪80年代，俄罗斯决定向火卫一发射两个精巧的探测器。“佛伯斯1号”宇宙飞船共携带有31台实验仪器，计划开展对火卫一和火星的研究。它启航时质量很重，达2 600千克，按照通常的方式由太阳能电池板供电，预计在200天的飞行和一系列的操作之后，进入火卫一上空200英里的轨道。它与火卫一的最近距离将小于两英里，由此展开近距离探测。并且，它将通过所谓的“太空鱼叉”，向火卫一的表面发送两个登陆器。

这两个登陆器预期工作时限为两个月以上。

“佛伯斯1号”于1988年7月7日从拜科努尔人造卫星发射基地发射升空。起初一切正常，但在9月2日，它却与地面永远地失去了联系。这并不是什么神秘事件，完全归咎于人为的错误。苏联指挥中心发出了一个错误的命令，但太空探测器上的仪器却没有忽略这个指令。实际上，指令让“佛伯斯1号”关闭自身，而探测器忠实地执行了这个指令。对此负责的技术人员此后一定被打入了冷宫，也从没有人知道他的名字。

“佛伯斯2号”在7月12日从拜科努尔由质子火箭送入太空。它更为雄心勃勃：不仅要重复“佛伯斯1号”未竟的实验，而且计划向火卫一表面发送两部探测车。其中一部将简单地锚定在火卫一的表面，另一部则采取弹跳降落的方式，所以它将几乎一直跳跃在火卫一的表面上。

起初又是一切正常。当“佛伯斯2号”到达目的地后发
回了一些火卫一和火星的图片，这些图片的质量相当好。然 184
而命途多舛。1989年3月27日，探测任务最重要的部分还没有开展，“佛伯斯2号”就失去了音讯。这次可能是飞船上的计算机发生了故障。

地面人员殚精竭虑，在苏联及其他地方展开了寻找这颗失踪卫星的工作。位于智利北部阿塔卡马沙漠的拉西腊天文台用强大的丹麦望远镜展开了光学搜寻，结果仍是一无所获。“佛伯斯2号”就这样消失了。但它并不完全是一次失败的探测，因为它确实发回了一些非常不错的图片，并首次粗略地显示了火星磁场，只是没有完成它的主要任务而已。

1998年9月，“全球勘探者号”获得了火卫一新的温度资料及近距离的图片。它们显示：火卫一的表面主要是至少3

英尺厚的细小土粒。对昼半球和夜半球分别进行的温度测量显示：阳光照射下的半球最高温度为25华氏度（−4摄氏度），而处于黑暗中的半球温度为−170华氏度（−112摄氏度）。这些小颗粒沉入黑暗后很快就耗尽了它们的热量。主要研究人员菲利普·克利斯腾森认为："这是在几百万年前陨石撞击中形成的惊人细小的粉末，它使整个表面看起来好像是由微小尘埃构成的。""全球探勘者号"对火卫一上最大的陨坑斯蒂克妮也拍摄了照片。照片上可以看见陨坑侧壁上明暗交接的条纹。这说明，即使在强度仅为地球千分之一的引力场作用下，沙砾也会向山下滚动，而大石块则部分地被掩埋在表面之下。

火星的卫星与我们巨大的月亮之间毫无相似之处，而且火卫一和火卫二也肯定不是人造卫星。它们很可能曾经是小行星，漂移到了火星附近被俘获。这看起来很合理，因为火星比我们更加接近小行星带。也许很早以前火星就俘获了很多经过火星轨道的小行星，如阿莫尔型小行星群和阿波罗型小行星群的成员，尽管这种情况只有在很特殊的条件下才能发生。我们曾提到过，还有一颗小行星尤里卡在与火星相同的轨道中运动，但它与火星毫无关系，也没有任何与火星碰撞的危险。

185 将来有一天，火卫一和火卫二肯定会成为天然而实用的太空站。那时它们对我们就真的是非常重要了。尽管我们的脑海中根深蒂固地认为太空站是由钢铁建造的，但我们必须放弃这一观念，接受这两个由岩石构成的天然太空站。

第十五章　火星基地 186

除了月球，当前人类探测技术所能达到的极限只有两个地方——金星和火星。其他行星不是太过遥远，就是难于接近。土卫六泰坦，这颗土星最大的卫星，的确拥有主要成分为氮的稠密大气。不过，说起到那里进行太空探险，即便退一万步而言，也还是为时过早。那里的空气充斥着大量的甲烷，无论如何我们都很难发现那里适于人类生存。

金星，因为过于炎热，而且充满了大量的硫酸性质的酸性气体，所以也被排除在候选天体之外。于是，我们一如既往，重新回到火星的话题上，探测火星的计划已经在进行之中。如果在50年以后，完全成熟的火星基地还没有建立起来，那才是令人惊奇的事情。

这一进程将从什么时候开始呢？在世界天文学的权威团体国际天文联合会最近召开的大会上，将这一时间定为2020年，这并不是难以企及的。我对天文学感兴趣始于20世纪20年代后期，那时登月还是难以想像的事情，而今天的火星之旅比那时的奔月构想更具可行性。

当然，还有一些问题可能会改变整个计划。主要的一点就是人类的身体条件。人类在俄罗斯的“和平号”空间站生存了一年多，并安全地回到地球，但据此就认为长期的空间生存对人类身体没有负面影响，则为时过早。“和平号”空间站上的宇航员出现身体问题的时候（这样的问题会多次发生），可以迅速返回地球，但这在火星的航行中却是不可能的。当然，在进行航行的常规练习时可以有各种预防措施，但宣称这些预防措施绝对有效则是一种非常愚蠢的行为，发现各种问题的方法只能是不断地试验。另一个问题和辐射有关。太阳风暴释放大量的短波射线并且影响粒子的行为，这是非常危险的。另外，当前的宇宙飞船能否提供真正有效的导航系统也在争论之中。
187 请记住，到达火星的旅行要花数月时间，而当初“阿波罗号”到达月球，全部航行加起来也不到两个星期。

月球探险和火星旅行的另一个显著不同点在于，月球探险只需要三个人操作一架宇宙飞船，火星旅行则需要更多的飞船和大量的宇航员，所以，新的火星计划在选择宇航员的时候——无论是选男性还是女性，都要非常谨慎，而且需要为数不少的太空修理站，用以培训飞船修理人员。太空是一个充满危险的环境，时刻都有可能发生事故，所以这种长途旅行尤其需要宇航员具备处理突发事件的能力。

至少，到达火星以后必须保证没有困难地和地球保持联系，同时，这第一次的探险要让我们确切地知道，火星上到底有没有任何生命形式的物种存在。水的资源不是问题，火星上有足够的冰，从这一点来看，火星的环境倒是比月球更为亲切。

这都是明显的事实，但是当我们关注探险本身的时候，到底用哪一种方式来建立基地，却是仁者见仁，智者见智。下面仅是我自己的看法，在这个领域我并不是什么专家，所以我将努力谈得宽泛一些。

首先，这次旅行将从哪里开始呢？最可能的出发点就是月球。当我们准备好向火星出发的时候，在月亮的表面应该有一个适合的空间站，这必然会令启程更加容易。至于整个航程，还是要花费数周的时间，宇航员们将不得不在这种极度危险的环境中学会照顾自己。一旦登陆火星后不能够快速返回，必须等到两颗星球的距离比较适当的时候返航。

航程的第一步极有可能是进入火星的近距离轨道，此时两个卫星都派得上用场，特别是火卫二，它非常的小而轻，表面引力可以忽略不计，“降落”在它上面相当于停泊在一个天然的港口。一些供应设备也可以放在那里，还有无线电设备，所以火卫二可以不仅仅充当一个中转站，对于宇航员来说，它还是火星表面的信号灯。火星在夜空中看起来极其灿烂，比起从地球上看月亮还要亮30倍。到了晚上，辉煌的火星就会向这个渺小的世界发射出奇异的红色光芒，火星表 188
面著名的黑暗区域也会显现出来。看上去，火星表面的黑暗区域变化非常缓慢，因为火卫二几乎是一颗同步卫星。相比而言火卫一更加靠近火星，绕着火卫二的上空急速的转动，对于人类火星行动的价值要小很多。

接下来就是登陆了，旅程到了那个时候，现在看来是问题的一些事情应该都已经解决掉了，没有理由怀疑，再去担心着陆的问题就多多少少是例行公事了（如果在太空中也可以“例行公事”的话）。既然大部分关键原材料都必须来自地球，货舱就将是火星舰队的一个重要组成部分。一旦降落到火星上，重力的感觉就又回来了，在经过长时间的失重状态后，能再感受到重力是很让人惬意的事情。

如果火星的空气主要是漂浮的灰尘，那么天空看起来将是非常暗的蓝色，但是——就像20世纪的探测结果告诉我们的那样——火星的天空在白天看起来是粉红色的。夜空非常黑暗，无论火卫一还是火卫二都不能提供太多的光亮。星星非常明亮，星象闪烁的程度远逊于地球。星座的形状与地球上相差无几，但天极有所不同；火星的北天极离天鹅座的天津四不远，南天极则位于我们所熟知的南天虚十字。地球将呈现为一颗内行星，就像从地球上看到的金星一样。金星在它的最佳位置是可以看到的，但是水星太过于靠近太阳，则很难用肉眼观察到。木星和土星是非常显眼的，天王星则超出了肉眼可视范围，还可以看到数目可观的小行星。

对于先行基地的设计，各种看法都已经被提出来，但要做最后的决定还为时过早。鉴于辐射的问题，生活区应选在地下，而不是在地表，但这并不是主要问题。我们并不确定空气能否提供对有害的宇宙短波射线的有效防护，因为火星并没有和地球相同的臭氧层，但是火星距离太阳5 000万英里，也许这些危险说起来有些夸张。在50年代早期，曾有人宣称，在我们的大气层以上做太空旅行，飞船将会被宇宙射线烧灼，整个飞船会被分解成昙花一现的碎片。直到加加林
189 在1961年上天，这种说法才不攻自破，这个例子也是给我们的一个教训，不能过分地夸大危险。

正像我们注意到的，火星的大气虽然非常稀薄，也足够使流星燃烧，制造流星现象。在流星体很大的情况下大气无法提供足够的保护，但这在地球上也一样：一个体积足够大的陨石会冲入地球大气，着陆之猛烈足以形成巨大的撞击坑，就像亚利桑那撞击坑一样。大型撞击的可能性总是存在的，在火星也一样，但这是我们无能为力的，而且风险并非特别的高。

有关火星基地的经典场景，是分布在沙漠中，由外形优雅的圆顶状建筑构成的聚居地，因为内部的气压而保持固有的形状。这并没有什么不可思议的，让我们假设第一个火星基地的确按照这个思路建立起来。制造圆顶的材料必须不仅

能够抵抗强大的压力，还能够适应大范围变化的温度。即使受到的热量过于集中也不能有丝毫的问题，金星上就有这样的情况；甚至在火星的赤道，温度也从未达到伦敦6月的气温，但大气非常稀薄无法保存热量，夜晚是极度的深寒。

很明显，地点的选择非常重要，我们还需要等待进一步的研究结果，以做出最后的决定。比如，在一些古老的冲积平原，就在离表面下方不远处可能有足够的冰。如果第一个基地建立在萨根纪念站附近，我将不会有丝毫的惊诧，这个地方极有可能成为火星的官方首府。

对殖民者来说，火星表面最大的危险是空气的泄漏。这个星球的大气是那么的稀薄，稀薄到我们甚至无法呼吸的程度，而气压又如此之低，如果宇航员没有穿戴合适的服装，那么打一个比方，他的血液简直会沸腾起来，整个人会爆炸的。早期的科幻小说中，人类在中午的时候，没有佩戴任何保护装置在火星上漫步，甚至连个氧气罩都不用。但写下这些故事的时候，我们还没有真正认识到火星上的空气竟然如此稀薄。

当然，早期的基地会由几个单元构成，每个单元都必须有自己的空气封锁系统，可以控制空气的出入。毫无疑问应该有一个可以迅速密封的连接通道。由于可以造成基地外壳损坏的陨石撞击的发生几率不小，所以一定要有个可以让宇航员在基地修复以前可以藏身的地方。

还有沙尘暴，这是经常发生的。也有尘卷风，相当于地 190
球上的龙卷风。不过现在让我们把话题再回到空气稀薄的问题上。即使火星最强烈的旋风，也不足以对计划严密、建设良好的基地有什么破坏。即使有经常性的地表震动——比如，像日本经常发生的地震那样——对基地的影响也是很小的，根本不能看做是一种破坏记录。

第一个基地将是纯科学的，不会有太多的时间花在娱乐上，虽然火星上的重力只有地球的1/3，这让它非常适合进行各种各样的锻炼，而且火星上一定存在恰如其分、名副其实的“火星健身房”。基地每天都要向地球发回报告，虽然当地球和火星在太阳的两侧时（也就是“合”的时候）报告不能直接发回地球，因为这时信息要经过一些中转站来传递。只有当基地进行修理时，才会自行决定事态的发展。即使只是短暂的一瞬，也总有一些意想不到的灾难会让整个项目瘫痪，导致火星被放弃。但更加可能的是，会有其他更多的探险开始进行，在未来出现一个或更多的繁荣的太空基地。在火星的不同部分旅行并没有什么困难，虽然稀薄的空气意味着，超音速飞机会比我们在地球上使用的一般飞机更为流行。

让我们假定基地已经成功地建立起来，并得到了扩建。那里的生活会是怎样的呢？对于人类来说，究竟有什么好处呢？

没有什么会让基地的生活显得与众不同。地球1/3的重力应该足够舒适。宇航员在月球上没有任何问题，那里的引力比火星小得多。物品不会像在失重状态下那样四处飘动，宇 191
航员也没有必要在睡觉前把他们自己绑在床上，来防止漂移到旁边去。也不会有关于卫生的问题，因为洗手间就在空间站的内部①。在密封的圆顶空间内，植物可以生长，用以提供食物。虽然地球上的植物在开放的空间扎根是不太可能的，但这也说不定是个不错的机会，可以尝试众所周知的无土栽种方法，在这种方法里，植物被悬在充满营养液的小网格中间生长。以上的两种方法，无论哪一种看起来都是可行的。

---

① 一个最常被问到的问题是——尤其是在年轻的爱好者中——宇航员怎样在太空中上洗手间？——原注

这引出来另一个最重要的问题：火星上有任何有害的东西吗？当第一个宇航员从月球返回的时候，他们被严格控制在传染病隔离状态，直到确认他们没有带回来任何污染，第二次从月球返回的时候才没有进行再次隔离，因为月球已经被确认无菌，而且将永远如是。所以未来几十年后，当第一艘飞船从火星返回的时候，会进行更加严格的检疫隔离。火星是不同于月球的，那里有空气，我们并不能排除那里存在原始生命形式的可能性。我可以说，火星存在有害有机体的可能性是微乎其微的，但是我同意在回到地表以前，我们必须绝对确保这一点才行。也有这样的可能，从地球发射到火星的过程中宇宙飞船实际上已经被污染了，虽然在它升空以前已经进行了尽可能有效的消毒灭菌。但我仍然要说，飞船被污染的可能性不超过百万分之一。

随着时间流逝，基地在扩大，其他一些问题也被提到议程当中。首先是娱乐活动。很多运动只要稍微修改一下就可以在火星开展。身为一个板球爱好者，我脑子里有一幅栩栩如生的在三分之一地球引力下进行比赛的画面，而作为一个腿部曾经骨折的投手，我有感觉，在火星上自己的双腿将比蝙蝠侠更为强健，后者曾经击出了又高又远的球，甚至超过著名选手W·G·格雷斯在国王队的纪录。网球、橄榄球和其他的一些运动都是可以进行的，但是在未来火星上的主要运动绝对是登山。那里有广阔的用武之地，厚重宇航服的阻碍也因为比地球上小得多的引力而不再成为问题，而且不用担心摔下去的危险。谁会完成希拉瑞和丹增诺吉[1]在地球上

① 埃德蒙德·希拉瑞爵士（Sir Edmund Hillary）新西兰人，首位登上珠穆朗玛峰的登山家，丹增诺吉（Tenzing Norgay）是他的向导，一位尼泊尔夏尔巴人。——译者注

的壮举，成为第一个登上奥林匹斯山，或者极西火山群全部顶峰的人呢？

仍然有人会问，为什么要在航天领域花这么多钱，尤其是当地球上仍有这么多事情需要完成的时候。但实际上，我们可以从航天科技的各个分支领域上获利，包括医学研究。
192 另外，像火星基地这样的项目是全球性的，所以登陆火星也是地球一个统一的重要步骤。我想起19世纪一位著名科学家的一句名言，当他被问到新的电子科学有什么用处时，他反问道："请问女士，生孩子有什么用处呢？"

虽然直到21世纪，到火星旅游还不能得到确定，但它最终也会到来。也会有孩子被带到火星上，或在那里出生，这让我想到原来很少考虑到的一点：在火星上出生和成长的孩子可以回到地球吗？在这个地方，引力对他们而言是那么的大？想像一下，在你的肌肉和心脏负荷能力没有任何增加的情况下，体重突然增加3倍是什么样的情形。你将无法应付。我倾向于相信，在100年后，智慧生命将会有两个不同的分支：地球居民以及我们永远不能回到地球的火星亲戚，尽管他们可以在月球上过得很开心。这在1998年听起来好像是科幻小说，但是到了2098年，这也许就是一个科学事实。

可能这些就是我们现在所能描述的一切了。仍有数不清的困难要去克服，无论是自然的还是人类自身造成的灾难。在新的世纪里，我们一定可以建立火星基地。红色的星球向我们发出挑战，这是人类不能视而不见的挑战。

附录一　观测火星

火星是很难用望远镜观测的天体。这乍看起来难以理解，因为据我们所知，除了金星以外，火星比其他行星都要亮，但这的确是事实。任何买了小望远镜，把它安置在卧室的窗台上，以为这样就可以看到火星上纵横沟渠的人，都注定是要失望的。

甚至当它最靠近我们的时候，火星的视直径也仅仅为大约25.7角秒，只是木星视直径的一半。而当火星在最远距离的时候，视直径缩小为大约3.5角秒，和遥远的天王星差不多。一般说来，当视圆面的直径降到六七角秒以下，天体就很难被观测到了——在任何时候都需要一架可调节口径的望远镜，以备可能用到这一功能的科学工作之需。火星是个需要用高倍望远镜的星球，但这并不是意味着需要非常高的倍数；小而清晰的图片总是比大而模糊的图片要好。

当火星相当接近冲日点的时候，只需要3英寸口径的折射望远镜就可以看到主要的地貌。包括极冠（或者更准确地说，面向我们那一极的极冠）和黑暗区域，比如大塞尔提斯地区和阿西达利亚平原。但这里必须有一个限制条件，因为极冠在火星的春夏季会迅速地缩小，有时候甚至消失。当然，无论使用什么样的望远镜，巨大的沙尘暴都会遮挡住火星的表面细节。

如果要进行有效的观测，我觉得应该使用的最小口径对反射望远镜是8英寸，对折射望远镜则是5英寸。其他观察者可能不同意我的观点，认为6英寸的反射望远镜是最低的要求。他们很可能是对的，但我所能做的只是给出我个人的观点。所以考虑到放大倍数的问题，我建议正确的做法是尽可能选择最大光力的望远镜，这样可以看到更清晰的图像。

如何定义“有效的观测”这个词是由火星本身决定的。现在我们有近距离的太空探测器的图片，通过望远镜进行常规的测绘已经没有什么意义。同样的情形也曾经发生在月球身上，前空间时代的观测者关注如何绘出月球的地图，然而现代的业余爱好者（以及一些职业天文学家）则注重寻找我们所谓的“依赖时间变化”的现象。这就是显著的不同。月球的结构特征不会改变，几百万年来几乎没有变化。不过火星则有所不同，它是有大气的，而且大气中有着大量的尘埃，其表面的黑暗区域的确表现出了变化，有时缩小，有时扩大。

大塞尔提斯地区就是个极好的例子。有时它被报道说看起来相当狭窄，有时候又会相对宽阔一些。虽然这些据称观测到的变化绝大部分可以直接认定为观测或分析的错误，但至少也有这样的可能，即这些变化具有事实的基础。还有希腊地区，有时候显得非常明亮，很容
194 易被误认为有突出的冰冠，可有时看起来又黯淡到难以发现。银山地区也表现出同样的不停变化的明暗不一，虽然它不那么起眼。

云层被非常频繁地观测到，对云层的观测是很有用处的。有的时候，只要根据小型的云朵在连续两个夜晚之间位置的变换，就可以得到关于火星表面风速的信息。至于沙尘暴则属于另一个范畴，需要很好地界定云和尘暴的区别。尘暴可能以令人吃惊的速度扩展，1973年就发生过一次。那一年的10月12日，我观测火星的时候，表面细节还异常清晰。接下来的三个晚上是多云的天气，当我10月16日再次观测的时候，尘暴已经覆盖了整个星球，几乎什么也看不到了。

观测在很大程度上取决于火星的地平高度。当火星高度很低的时候，再大的放大倍数都无济于事，除了等待它的高度升上一个可接受的值之外别无选择。还有，在晴朗透明的夜晚，火星的视圆面也会像

果冻那样晃动，这的确容易令人不太愉快。奇怪的是，有时候有一点薄雾倒有好处，虽然它减弱了能够接收的光线总量，但图像稳定，令人满意。

并不是想给大家泼冷水，但我必须再次强调，即使是在接近冲的时候，使用小型望远镜，也无法显示火星表面的太多细节。有许多出版物上可以看到的图片是用这样的设备拍到的，而且常常显示了火星的细节甚至是表面的运河——完全是谎言。并不是想诋毁相关观测者的可信度，但是人类的眼睛是最容易被欺骗的，总是倾向于观测到人们内心想看到的景象。不只是业余爱好者有这样的倾向：实际上情况比这还严重，大家应该看看斯基帕雷利、洛维尔和其他人画出的火星地图，他们使用的都是很好的望远镜，但是仍然记录下了那些纵横的运河，而我们现在知道，实际上它们根本不存在。

描绘草图的时候，相位是不可忽视的。呈现给我们的明亮部分最小的时候可能只有整个圆面的85%，如果观测者简单地画了一个圆，然后在其中填充细节，他就会发现这注定是一个严重的错误。不过，绘出视圆面再修正相位，是个乏味的工作。就个人而言，我承认我“欺骗”了你们，在24～25页我所使用的各种相位的视圆面是事先准备好的。这样它们看起来会比手工绘制的要整洁得多，这些图像的背景都是黑色的，虽然我承认这并不是严格必需的。想获得绝对准确的画面，就需要一系列的圆面，从100%（最完整的，大冲的时候）到85%（最小的相位），但在实际中，我怀疑大概只要100%、98%、95%、92%、89%、86%这六个就可以，一两个百分点的偏差，坦白地说，并不重要。

一般来说，采纳一个统一的尺寸是明智的。英国宇航局火星分部的工人用两英寸作为火星完整相位时的草图直径，这看起来相当合适。一些观察者改变了这个尺寸，在大冲的时候把火星画得很大，但这似乎是并不必要的调整。

描绘火星草图的第一步，是观测这颗行星，看看视野中究竟有什么东西。然后绘出一些明显的细节，比如极冠和主要的黑暗地区。完成这些之后，仔细检查并注明时间（使用24小时制，不用夏时制，总是使用格林尼治时间）。这些主要特征以后就不做改变了。不改变它们的理由很充分：火星不停地自转着，表面特征的移动即使是在几分钟的间隔里也是很明显的。

195 现在调到最大的放大倍数，并填上一些次要细节，尤其注意一些相对显著的特征，特别是一些看起来不同寻常的细节（尤其是云）。写下记录，特别有兴趣的特征也可以加上去，然后对整个草图进行再一次的检查，以提高准确性。最后，加上这些数据：日期、时间、观测者姓名、望远镜的口径和类型、放大倍数、视宁度以及火星中央经线的经度。如果少了任何一个数据，这个观测图的价值就会大大减小。

安托尼亚蒂把视宁度分为如下尺度：从Ⅰ（完美）、Ⅱ（好）、Ⅲ（不错）、Ⅳ（很不好）到Ⅴ（除非特殊的努力，根本绘不出草图）。

中央经线的经度可以很容易地估算出来，不超出加减法的范围。许多出版物，例如英国宇航局的《手册》，给出了格林尼治时间零时的火星中央经线经度，所以大家需要做的就是算出观测时间和零时的间距。经度按照下面的数值改变：

时间/小时	改变角度/（°）	时间/分钟	改变角度/（°）
1	14.6	1	0.2
2	29.2	2	0.5
3	43.9	3	0.7
4	58.5	4	1.0
5	73.1	5	1.2
6	87.7	6	1.5
7	102.3	7	1.7
8	117.0	8	2.0
9	131.6	9	2.2
10	146.2	10	2.4

续表

时间/小时	改变角度/（°）	时间/分钟	改变角度/（°）
		20	4.9
		30	7.3
		40	9.7
		50	12.2

这是从我的笔记本上摘出来的两个例子：

1. 我在1975年9月2日，格林尼治时间01: 20，用15英寸 × 360反射望远镜观测火星。视宁度Ⅲ，相位85%。查看手册，我找到9月2日0时的中央经度是092.5

0时　经度:	92.5
+ 1时:	14.6
+20分钟:	4.9
1时20分经度:	112.0

这表明大塞尔提斯在火星的另一面，但是塞壬等特征可以看到，虽然直径只有9角秒，这次的视宁度并不好，我只能找出很少的细节。

2. 观测：1976年1月3日，格林尼治时间16: 27，15英寸 × 400反射望远镜，视宁度Ⅱ。

这次要做的是减法，因为观测时间是在格林尼治零时之前7小时33分。

1月4日中央经络的经度是036.7

我们要减去7时33分

7时:	102.3
+ 30分:	7.3
+ 3分:	0.7
	110.3

因为不能从036.7减去110.3，所以我们加上360度再来运算，

360 + 036.7 = 396.7

1月4日零时经度:	396.7
减去7时33分:	110.3
	286.4

因此大塞尔提斯的经度差不多是290度，几乎就在中央子午线上。

不可理喻的偏见是观测者最大的敌人，在观测火星时更是这样，所以在观测以后再算出中央线的经度是个好办法，虽然我同意看到的一些特征并不一定是错误的。无论怎样，都要避免画出绝对看不到的所谓细节。

如今，很多设备精良的业余爱好者用上了电子望远镜，比如CCDs（电荷耦合器件），可以拍出一些过去用大型专业望远镜才能拍到的图片。不过，仍有大量的人们乐于把眼睛透过望远镜看到的行星画下来，记录下你所看到的东西。

附录二　火星的冲日

火星两次冲日之间的间隔并不是固定的：可能长达810天，也可能短到只有764天。1900～2000年的火星冲日的时间如下：

1901.2.22	1926.11.4	1952.4.30	1978.1.22
1903.3.29	1928.12.21	1954.6.24	1980.2.25
1905.5.8	1931.1.27	1956.9.11	1982.3.31
1907.7.6	1933.3.1	1958.11.17	1984.5.11
1909.9.24	1935.4.6	1960.12.30	1986.6.10
1911.11.25	1937.5.19	1963.2.4	1988.9.28
1914.1.5	1939.7.23	1965.3.9	1990.11.27
1916.2.9	1941.10.10	1967.4.15	1993.1.7
1918.3.15	1943.12.5	1969.5.31	1995.2.12
1920.4.21	1946.1.13	1971.8.10	1997.3.17
1922.6.10	1948.2.17	1973.10.25	1999.4.24
1924.8.23	1950.3.23	1975.12.15	

1999～2005年的冲日

时间	近地点时间	近地点距离(百万英里)	最大视直径(角秒)	最大目视星等	星座
1999.4.24	1999.5.1	54	16.2	–1.5	室女座
2001.6.13	2001.6.21	42	20.8	–2.1	人马座
2003.8.28	2003.8.27	35	25.1	–2.7	摩羯座
2005.11.7	2005.10.30	43	20.2	–2.1	白羊座

火星在位于近日点的时间分别是：1999.11.25、2001.10.21、

2003.8.30、2005.7.17，而远日点的时间是：2000.11.2、2002.9.21、2004.8.7。

火星的上合时间为2000.7.1、2002.8.10、2004.9.15，火星与地球之间可能的最大距离是2.49亿千米。最短的距离，在1892年的大冲，是3 450万英里。

附录三　数字数据

火星与太阳的距离：	
最大距离	1.54861亿英里（1.666天文单位）
平均距离	1.41637亿英里（1.524天文单位）
最小距离	1.28412亿英里（1.381天文单位）
自转周期（火星日）：	24小时37分钟22.7秒
恒星周期：	686.980天/668.60火星日
轨道速度（英里/秒）：	
最大速度	16.5
平均速度	15.0
最小速度	13.6
轨道倾角：	1°50′59″4（=1°9）
轨道偏心率：	0.093
平均会合周期：	779.74天
24小时的平均恒星周期：	1886.52弧秒
自转轴倾角：	23°59′
直径：	4219英里（赤道）、4196英里（极地）
视直径：	最大25″.7、最小3″.5
最大星等：	–2.8
平均反照率：	0.16
体积（地球=1）：	0.1504
质量（地球=1）：	0.1074

密度（水=1）：	3.94
表面积（地球=1）：	0.28
表面重力加速度（地球=1）：	0.3799
极向压缩：	0.01
逃逸速度：	3.1英里/秒
从火星上看，太阳的平均直径：	21′

卫星数据

	火卫一	火卫二
距离火星中心距离：	5 825英里	14 575英里
恒星周期：	7小时39分钟13.85秒（0.319天）	30小时17分钟54.87秒（1.262天）
平均会合周期：	7小时39分钟26.6秒	30小时21分钟15.7秒
轨道倾角：	1.1度	1.8度
轨道偏心率：	0.0210	0.0028
在平均距离处，从火星观测到的角直径：	24.6弧秒	61.8弧秒
冲日时平均视星等	11.6	12.8
直径（英里）	16.8×13.7×11.2	9.3×7.5×6.2
逃逸速度（英里/秒）	0.0099	0.0049
从火星观测的平均视星等：	–3.9	–0.1
密度（水=1）：	2.0	1.7

附录四　以往探测火星的航天任务

名称	国家	发射日期	会合日期	最近轨道距离（英里）	着陆地点	注　释
火星1号 Mars 1	苏	1962-11-1	1963-6-?6	?120,000	-	1963年3月21日在6.6万英里处失去联系。
水手3号 Mariner 3	美	1964-11-5	-	-	-	防护罩故障，发射后有短暂的联系。
水手4号 Mariner 4	美	1964-11-28	1965-7-15	6084	-	发回21张照片，于1967年12月20日失去联系。
探测2号 Zond 2	苏	1964-11-30	1965-8-?6	?930	-	于1965年5月2日失去联系。
探测3号 Zond 3	苏	1765-7-18	?	?	-	发射后不久便失去联系。
水手6号 Mariner 6	美	1969-2-24	1969-7-31	2130	-	发回76张照片，由火星赤道上空飞过。

续表

名称	国家	发射日期	会合日期	最近轨道距离（英里）	着陆地点	注释
水手7号 Mariner 7	美	1969-3-27	1969-84	2130	-	发回126张照片，主要探测南半球。
水手8号 Mariner 8	美	1971-5-8	-	-	-	完全失败，坠落于海洋中。
火星2号 Mars 2	苏	1971-5-19	1971-11-27	In orbit,1520 x 15,165	44 S，213 W	在火星表面艾利达尼亚地区（Eridania）着陆，携带了一面苏联的旗子，但是没有发回照片。
火星3号 Mars 3	苏	1971-5-28		In orbit,965 x 132,250	45 S，158 W	在火星表面法厄同（Phaethontis）地区着陆，在着陆20秒后失去联系。
水手9号 Mariner 9	美	1971-5-30	1971-11-13	In orbit,1019*10,440	-	发回7329幅图片，于1972年10月27日失去联系。
火星4号 Mars 4	苏	1973-7-21	1974-2-10	Over 1300	-	错过火星，在飞过火星的过程中发回一些数据，现在在围绕太阳的轨道上。
火星5号 Mars 5	苏	1973-7-25	1974-2-10	In orbit,1093 x 20,200	-	失败，失去联系。
火星6号 Mars 6	苏	1973-8-5	1974-3-12	-	?24 S，25 W	1973年12月3日着陆于火星表面红海（Erythraum）地区，但在着陆的过程中失去联系。

续表

名称	国家	发射日期	会合日期	最近轨道距离（英里）	着陆地点	注释
火星7号 Mars 7	苏	1973-8-9	1974-3-9	795	-	错过火星，没有进入轨道。
海盗1号 Viking 1	美	1975-8-20	1976-6-19	In orbit	23.4 N，47.5 W	1976年7月20日着陆于火星表面金州（Chryse）地区，11月13日失去联系。
海盗2号 Viking 2	美	1975-9-9	1976-8-7	In orbit	48 N，226 W	1976年9月3日着陆于火星表面乌托邦（Utopia）地区，12月3日失去联系。
火卫一佛伯斯1号Phobos-I	苏	1988-7-7	?	?	-	1988年8月31日失去联系。
火卫一佛伯斯2号Phobos-2	苏	1988-7-12	1989-1-29	In orbit,516 x 49,560	-	1989年3月27日失去联系，发回一些火星以及火卫一的照片。
火星观测者 Mars Observer	美	1992-9-25	1993-8-24	?	-	于1993年8月21日失去联系。轨道未知。
“火星96”号 Mars 96	俄	1996-11-16	-	-	-	完全失败，坠入海洋。
火星探路者 Pathfinder	美	1996-12-4	1997-7-4	-	19.33 N，33.55 W	1997年7月4日着陆于火星表面战神谷地区。携带一辆探测车（Sojourner rover）。

续表

名称	国家	发射日期	会合日期	最近轨道距离（英里）	着陆地点	注释
火星全球测量者号Global Surveyor	美	1996-11-7	1997-9-11	In orbit	-	
希望者号Nozomi	日	1998-7-3	-	-	-	计划中探测器。
火星气候轨道探测船Mars Climate Orbiter	美	1998-11-11	-	-	-	轨道地图绘制器。
火星极地登陆号Mars Polar Lander	美	1999-1-3	-	-	-	着陆器，应于1999年12月抵达火星。

未来将要实施的火星探测计划

未来几年中，将会有很多新的发射计划是针对火星的。

下面的列表编辑于1998年7月，毫无疑问，其中很多计划可能已经被取消。

名称	国家	预计发射时间	预计到达时间	探测任务
2001火星观察者轨道器 Mars Surveyor 2001	美	2001-3	2001	轨道器，伽马射线分光仪。
2001火星观察者登陆器 Mars Surveyor 2001	美	2001-4	2001	着陆器，携带一个探测车，并由2001火星观察者轨道器作信号转接。
火星 2001 Mars 2001	俄	2001	2001	着陆器，携带一个探测车。
2003火星观察者 Mars Surveyor 2003	美	2003	2003	轨道器，用于中转着陆器和探测车的信号。
火星快车2003 Mars Express 2003	欧空局	2003	2003	轨道器。
2005火星观察者 Mars Surveyor 2005	美	2005	2005	取样并返回。

附录五　火星反照率特征

这里给出的是火星反照率特征过去名称的列表（以地图的顶端为南方），因为现在观测者使用适当口径的望远镜可以很容易地看到这些细节。

名称	中心纬度	西经	名称	中心纬度	西经
Mare Acidalium	45.0 N	30	Boerosyrtis	55.0 N	290
Aeolis	5.0 S	215	Mare Boreum	60.0 N	180
Aeria	10.O N	310	Candor	3.0 N	75
Aetheria	40.0 N	230	Casius	40.0 N	260
Aethiopis	10.0 N	230	Cebrenia	50.0 N	210
Amazonis	0	140	Cecropia	60.0 N	320
Amenthes	5.0 N	250	Ceraunius	20.0 N	93
Aonium Sinus	45.0 S	105	Cerberus	15.0 N	205
Arabia	20.0 N	330	Chalce	50.0 S	0
Arcadia	45.0 N	100	Chersonesus	50.0 S	260
Argyre	45.0 S	25	Mare Chronium	58.0 S	210
Arnon	48.0 N	335	Chryse	10.0 N	30
Auroræ Sinus	15.0 S	50	Chrysokeras	50.0 S	110
Ausonia	40.0 S	250	Mare Cimmerium	20.0 S	220
Mare Australe	60.0 S	20	Claritas	35.0 S	110
Baltia	60.0 N	50	Copaïs Palus	55.0 N	280

续表

名称	中心纬度	西经	名称	中心纬度	西经
Coprates	15.0 S	65	Ogygis Regio	45.0 S	65
Cyclopia	5.0 S	230	Olympia	80.0 N	200
Cydonia	40.0 N	0	Ophir	10.0 S	65
Deltoton Sinus	4.0 S	305	Ortygia	60.0 N	0
Deucalionis Regio	15.0 S	340	Oxia Palus	20.0 N	180
Deuteronilus	35.0 N	0	Panchaïa	60.0 N	200
Diacria	50.0 N	180	Pandoræ Fretum	25.0 S	316
Edom	0	345	Phæthontis	50.0 S	155
Electris	45.0 S	190	Phison	20.0 N	320
Elysium	25.0 N	210	Phlegra	31.3 N	187.8
Eridania	45.0 S	220	Phœnicis Lacus	12.0 S	110
Mare Erythræum	25.0 S	40	Phrixi Regio	40.0 S	70
Eunostos	22.0 N	120	Promethei Sinus	65.0 S	280
Euphrates	20.0 N	335	Propontis	45.0 N	185
Gehon	15.0 N	0	Protei Regio	23.0 S	50
Mare Hadriacum	40.0 S	270	Protonilus	42.0 N	315
Hellas	40.0 S	290	Pyrrhæ Regio	15.0 S	38
Depressio Hellespontica	60.0 S	340	Sinus Sabaeus	8.0 S	340
Hellespontus	50.0 S	325	Scandia	60.5 N	147.9
Hesperia	20.0 S	240	Mare Serpentis	30.0 S	320
Hiddekel	15.0 N	345	Sinai	20.0 S	70
Hyperboreus Lacus	75.0 N	60	Mare Sirenum	30.0 S	155
Iapygia	20.0 S	295	Sithonius Lacus	45.0 N	245

续表

名称	中心纬度	西经	名称	中心纬度	西经
Icaria	40.0 S	130	Solis Lacus	28.0 S	90
Isidis Regio	20.0 N	275	Styx	30.0 N	200
Ismenius Lacus	40.0 N	330	Syria	20.0 S	100
Jamuna	10.0 N	40	Syrtis Major	10.0 N	290
Juventæ Fons	5.0 S	63	Tanaïs	50.0 N	70
Læstrygon	0	200	Tempe	40.0 N	70
Lemuria	70.0 N	200	Tharsis	0	0
Libya	0	270	Thaumasia	35.0 S	85
Lunæ Palus	15.0 N	65	Thoth	30.0 N	255
Margaritifer Sinus	10.0 S	25	Thyle I,II	70.0 S	180
Memnoia	20.0 S	150	Thymiamata	10.0 N	10
Sinus Meridiani	5.0 S	0	Tithonius Lacus	5.0 S	85
Meroe	35.0 N	285	Tractus Albus	30.0 N	80
Moab	20.0 N	350	Trinacria	25.0 S	268
Mœris Lacus	8.0 N	270	Trivium Charontis	20.0 N	198
Nectar	28.0 S	72	Mare Tyrrhenum	20.0 S	255
Neith Regio	38.0 N	272	Uchronia	70.0 N	260
Nepenthes	20.0 N	260	Umbra	50.0 N	290
Nereidum Fretum	45.0 S	55	Utopia	50.0 N	250
Niliacus Lacus	30.0 N	30	Vulcani Pelagus	35.0 S	15
Nilokeras	30.0 N	55	Xanthe	10.0 N	50
Nilosyrtis	42.0 N	290	Yaonis Regio	40.0 S	320
Nix Olympica	20.0 N	130	Zephyria	0	195
Noachis	45.0 S	330			

反照率特征名称

古典火星反照率特征的名称基本上是沿用意大利天文学家斯基帕雷利的命名。现在大部分的修改都是由空间研究结果导致的。列出一些名字的出处可能会很有趣。

MARE ACIDALIUM	维奥蒂亚的阿西达利亚泉，美与爱之三女神沐浴之处
AEOLIS	禁闭风的浮岛
AERIA	埃及的希腊名称
AETHERIA	天堂，永生之地
AETHIDPIS	埃塞俄比亚的一个国家
AMAZONIS	亚马逊大陆
AONIUM SINUS	奥尼德神，或曰缪斯神
ARABIA	阿拉伯大陆
ARCADIA	希腊南部的山区
ARGYRE	恒河河口的“银”岛
AURORÆ SINUS	曙光湾
AUSONIA	阿伦济人（希腊文里对奥索尼斯人的称呼）的国家
MARE AUSTRALE	南海
BALTIA	北欧一岛屿
MARE BOREUM	北海
CANDOR	拉丁语，意为“白色”

CASIUS	宙斯的圣域
CEBRENIA	特洛伊平原上的主要国家
CERAUNIUS	意为“霹雳”。希腊有同名山脉
CERBERUS	把守地狱大门的三头犬
CHERSONESUS	加利波里半岛
MARE CHRONIUM	科洛尼安海，绝对平静的海域
CHRYSE	黄金的平原
MARE CIMMERIUM	以辛梅利亚人命名，他们是古代的色雷斯人航海家
CLARITAS	拉丁文，意为“明亮”
COPAÏS PALUS	希腊海利空山以北的沼泽地
COPRATES	波斯河的古代名称
CYCLOPIA	希腊神话中独眼巨人的大陆
CYDONIA	克里特
DELTATON SINUS	三角湾 （伊阿丕基亚和奥诺特里亚之间的三角形区域 ）
DEUCALIONIS REGIO	以塞萨里国王丢卡里翁命名
DIACRIA	希腊北部的高地
DIOSCURIA	斯巴达的古名
EDOM	圣经中对以东人所建立的国家的称呼，该国位于犹大之南
ELECTRIS	因出产琥珀而著名的岛屿
ELYSIUM	世界极西端的被祝福之地
ERIDANIA	意大利的波河流域
MARE ERYTHRÆUM	印度洋
EUNOSTOS	在极乐世界之前的阴间地域
EUPHRATES, GEHON	河流的名字
MARE HADRIACUM	亚德里亚海
HELLAS	希腊

HESPERIA	“西方之国”（意大利或西班牙）
HIDDEKEL	底格里斯河
IAPYGIA	萨伦汀半岛（亚平宁半岛西南端的突起部分）
ICARIA	希腊的克里特岛
ISIDIS REGIO	以埃及女神伊希斯命名
ISMENIUS LACUS	底比斯
JUVENTÆ FONs	青春之泉
LÆSTRYGON	居住于西方的巨人
LEMURIA	古老的被淹没的大陆
LIBYA	利比亚陆地
LUNÆ PALUS	月之沼泽
MARGARITIFER SINUS	珍珠湾
MEROE	即尼罗河的阿特巴岛
MŒRIS LACUS	利比亚沙漠中一湖泊
NECTAR	奥林匹斯诸神饮用之神酒
NEPENTHES	埃及的忘忧草
NEREIDUM FRETUM	海中仙女涅瑞伊得斯的地峡
NILIACUS LACUS	尼罗河上的湖泊
NILOKRAS	尼罗河的流水声
NIX OLYMPICA	奥林匹克之雪
NOACHIS	诺亚之国
OGYGIS REGIO	希腊神话中底比斯的第一个国王
OPHIR	圣经中所罗门王远航到达的地方，可能是印度
ORTYGIA	得洛斯岛，位于爱琴海中，据传为 Artemis 和 Apollo 的诞生地
OXIA PALUS	咸海
PANCHAÏS	红海中的一个岛屿

PANDORÆ FRETUM	以潘多拉命名
PHÆTHONTIS	以法厄同命名
PHLEGRA	希腊语，意为“燃烧的平原”，是神话中宙斯向提坦诸神降下天雷，帮助赫拉克勒斯
PHŒNICIS LACUS	凤凰湖
PROPONTIS	小亚细亚海
PROTONILUS	尼罗河东边的部分
PYRRHÆ REGIO	以丢卡利翁的妻子皮拉命名
SINUS SABÆUS	红海
SCANDIA	南部斯堪的纳维亚半岛
MARE SERPENTIS	毒蛇之海
MARE SIRENUM	塞壬海
SITYONIUS LACUS	色雷斯，自爱琴海至多瑙河的巴尔干半岛东南部地区
SOLIS LACUS	太阳湖
STYX	冥河
SYRIA	叙利亚
SYRTIS MAJOR	利比亚的一个海湾
TANAÏS	顿河，俄罗斯境内
TEMPE	潭蓓谷，古希腊提萨里（Thessaly）地方的溪谷
THARSIS	极西
THAUMASIA	云神大陆
THOTH	透特，埃及神话中的月神
THYLE	极地岛，古人相信存在于世界北端的国家，极北之地
TITHONIUS LACUS	以提索尼斯命名，其虽得以长生不死，但却不能青春永驻
TRACTUS ALBUS	白色痕迹
TRINACRIA	特里纳克里亚岛，今西西里
MARE TYRRHENUM	第勒尼安海

UMBRA	影之大陆
UTOPIA	乌托邦
VULCANI PELAGUS	因铁匠之神沃尔坎而得名
XANTHE	黄金大陆
YAONIS REGIO	以中国尧帝命名
ZEPHYRIA	西风大陆

附录六　火星地名表

下面罗列的火星表面细节通过地面望远镜无法观测到，除了几个特别的：主暗黑区、奥林匹斯火山（Olympus Mons）、奥林匹斯雪山[Nix Olympica （the Olympic Snow）]

环形山串（CATENA）

	纬度 /（°）	西经 /（°）	长度 / 英里
Coprates Catena	15.1 S	59.4	151
Elysium Catena	18.0 N	210.4	137
Tithoniæ Catena	5.5 S	71.5	236
Tractus Catena	27.9 N	103.2	767

深谷（CHASMA）

	纬度 /（°）	西经 /（°）	长度 / 英里
Chasma Australe	82.9 S	273.8	305
Chasma Boreale	83.2 N	21.3	198
Capri Chasma	8.7 S	42.6	931
Candor Chasma	6.5 S	71	507
Eos Chasm	12.6 S	45.1	599
Gangis Chasma	8.4 S	48.1	536
Hebes Chasma	1.1 S	76.1	177
Ins Chasma	7.2 S	84.6	623
Juventæ; Chasma	1.9 S	61.8	308
Melas Chasma	10.5 S	72.9	327

Ophir Chasma	4.0 S	72.5	156
Tithonium Chasma	4.6 S	86.5	562

环形山（CRATERS）

	纬度 /（°）	西经 /（°）	长度 / 英里
Adams	31.3 N	197.1	62
Antoniadi	21.7 N	299	237
Arago	10.5 N	330.2	96
Baldet	23.0 N	94.5	121
Barabashov	47.6 N	68.5	78
Barnard	61.3 S	298.4	80
Becquerel	22.3 N	7.9	104
Beer	14.6 S	8.2	50
Bjerknes	43.4 S	188.7	55
Boeddicker	14.8 S	197.6	67
Bond	33.3 S	35.7	65
Brashear	54.1 S	119.2	78
Burton	14.5 S	156.3	85
Byrd	65.6 S	231.9	76
Campbell	54.0 S	195	76
Cassini	23.8 N	327.9	258
Cerulli	32.7 N	337.9	74
clark	55.7 S	133.2	58
Coblentz	55.3 S	90.2	69
Comas Sola	20.1 S	158.4	82
Copernicus	50.0 S	168.6	181
Curie	29.2 N	4.9	61
Darwin	57.2 S	19.2	103
Douglass	51.7 S	70.4	60
Eddie	12.5 N	217.8	56
Eiriksson	19.6 S	173.7	35
Escalanre	0.3 N	244.8	52
Fesenkov	21.9 N	86.4	53

Flammarion	25.7 N	311.7	99
Flaugergues	17.0 S	340.9	146
Focas	33.9 N	347.2	51
Fournier	4.2 S	287.5	70
Galle	50.8 S	30.7	143
Gill	15.8 N	354.5	50
Gledhill	53.5 S	272.9	45
Graff	21.5 S	206	98
Green	42.4 S	8.3	114
Hale	36.1 S	36.3	84
Halley	48.6 S	59.2	50
Hartwig	38.7 S	15.6	65
Helmholtz	45.6 S	21.1	67
Henry	11.0 N	336.8	103
Herschel	14.9 S	230.1	189
Hipparchus	45.0 S	151.1	65
Holden	26.5 S	33	88
Holmes	75.0 S	293.9	68
Hooke	45.0 S	44.4	90
Huggins	49.3 S	204.3	51
Hussey	53.8 S	126.5	62
Huygens	14.0 S	304.4	283
Janssen	2.8 N	322.4	96
Jones	19.1 S	19.8	53
Kaiser	46.6 S	340.9	125
Keeler	60.7 S	151.2	57
Kepler	47.2 S	218.7	136
Knobel	6.6 S	226.9	79
Korolev	72.9 N	195.8	84
Kunowsky	57.0 N	9	37
Lampland	36.0 S	79.5	44
Lassell	21.0 S	62.4	53
Le Verrier	38.2 S	342.9	86

Liu Hsin	53.7 S	171.4	80
Lockyer	28.2 N	199.4	46
Lohse	43.7 S	16.4	97
Lomonosov	64.8 N	8.8	94
Lowell	52.3 S	81.3	125
Lyot	50.7 N	330.7	137
Main	76.8 S	310.9	63
Maraldi	62.2 S	32.1	74
Mariner	35.2 S	164.3	94
Martz	35.2 S	215.8	57
McLaughlin	22.1 N	22.5	56
Mie	48.6 N	220.4	58
Milankovic	54.8 N	146.6	70
Moreur	42.2 N	315.5	86
Nansen	50.5 S	140.3	51
Newton	40.8 S	157.9	178
Nicholson	0.1 N	164.5	71
Niesten	28.2 S	302.1	71
Oudemans	10.0 S	91.7	75
Pasteur	19.6 N	335.5	71
Perepelkin	52.8 N	64.6	70
Pickering	34.4 S	132.8	70
Playfair	78.0 S	125.5	42
Porter	50.8 S	113.8	70
Proctor	47.9 S	330.4	104
Ptolemæus	46.4 S	157.5	114
Quenisset	34.7 N	319.4	79
Renaudot	42.5 N	297.4	42
Ritchey	28.9 S	50.9	51
Ross	57.6 S	107.6	55
Russell	55.0 S	347.4	86
Schiaparelli	2.5 S	343.4	287
Schroter	1.8 S	303.6	209

Secchi	57.9 S	257.7	135
Sharonov	27.3 N	58.5	59
Slipher	47.7 S	84.5	80
South	77.0 S	338	69
Stokes	56.0 N	189	44
Tikhov	51.2 S	254.1	67
Trouvelot	16.3 N	13	104
Trumpler	61.7 S	50.6	48
Tycho Brahe	49.5 S	213.8	67
Vishniac	76.7 S	276.1	47
Vogel	15.1 S	5.9	26
von Karman	64.3 S	58.4	62
Wallace	52.8 S	249.2	99
Wegener	64.3 S	4	44
Wirtz	48.7 S	25.8	80
Wislencius	18.3 S	348.7	66
Zulanka	2.3 S	42.3	29

沟渠/窄长凹陷结构（**FOSSA**）

	纬度 /（°）	西经 /（°）	长度 / 英里
Alba Fossæ	43.4 N	103.6	1290
Ceraunius Fossæ	24.8 N	110.5	442
Claritas Fossæ	34.8 S	99.1	1264
Elysium Fossæ	27.5 N	219.5	692
Hephæstus Fossæ	20.5 N	237.5	328
Mareotis Fossæ	45.0 N	79.3	494
Memnonia Fossæ	21.9 S	154.4	651
Nili Fossæ	24.0 N	283.0	441
Sirenum Fossæ	34.5 S	158.2	1686
Tantalus Fossæ	44.5 N	102.4	1237
Tempe Fossæ	40.2 N	74.5	965
Thaumasia Fossæ	45.9 S	97.3	695
Tithoniæ Fossæ	1.7 S	81.9	341
Zephyrus Fossæ	23.9 N	214.4	281

网状峡谷/迷径沟网（**LABYRINTHUS**）

	纬度 /（°）	西经 /（°）	长度 / 英里
Noctis Labyrinthu	7.2 S	101.3	610

平顶山（**MENSA**）

	纬度 /（°）	西经 /（°）	直径 / 英里
æolis Mensæ	3.7 S	218.5	523
Cydonia Menseæ	37.0 N	12.8	531
Deuteronilus Mensæ	45.7 N	337.9	390
Nepenthes Mensesæ	9.3 N	241.7	1059
Nilosyrtis Mensaæ	35.4 N	293.6	431
Protonilus Mensæ	44.2 N	309.4	368
Zephyria Mensæ	10.1 S	188.1	143

山脉/火山（**MONS**）

	纬度 /（°）	西经 /（°）	底端直径 / 英里
Arsia Mons	9.4 S	120.5	301
Ascraeus Mons	11.3 N	104.5	287
Charitum Montes	58.3 S	44.2	878
Elysium Mons	25.0 N	213.0	268
Hellespontus Montes	45.5 S	317.0	423
Libya Montes	2.7 N	271.2	763
Nereidum Montes	41.0 S	43.5	1042
Olympus Mons	18.4 N	133.1	388
Pavonis Mons	0.3 N	112.8	233
Phlegra Montes	40.9 N	197.4	814
Tartarus Montes	25.1 N	188.7	628
Tharsis Monte	2.8 N	113.3	1308

托边火山结构（**PATERA**）

	纬度 /（°）	西经 /（°）	直径 / 英里
Alba Patera	40.5 N	109.9	288
Amphitrites Patera	59.1 S	299.0	86

Apollinaris Patera	8.3 S	186.0	123
Biblis Patera	2.3 N	123.8	73
Diacria Patera	34.8 N	132.7	46
Hadriaca Patera	30.6 S	267.2	280
Orcus Patera	14.4 N	181.5	237
Tyrrhena Patera	21.9 S	253.2	371
Ulysses Patera	2.9 N	121.5	70
Uranius Patera	26.7 N	92.6	172

平原低地（**PLANITIA**）

	纬度 /（°）	西经 /（°）	直径 / 英里
Acidalia Planitia	54.6 N	19.9	1735
Amazonis Planitia	16.0 N	158.4	1750
Arcadia Planitia	46.4 N	152.1	1897
Argyre Planitia	46.4 S	42.8	539
Chryse Planitia	27.0 N	36.0	932
Elysium Planitia	14.3 N	241.1	2423
Hellas Planitia	44.3 S	293.8	1564
Isidis Planitia	13.1 N	271.0	769
Utopia Planitia	47.6 N	277.3	2036

平原高地（**PLANUM**）

	纬度 /（°）	西经 /（°）	直径 / 英里
Aurorae Planum	11.1 S	50.2	367
Australe Planum	80.3 S	155.1	816
Boreum Planum	85.0 N	180	663
Bosporos Planum	33.4 S	64	205
Chronium Planum	62.0 S	212.6	871
Hesperia Planum	18.3 S	251.6	1161
Icaria Planum	42.7 S	107.2	522
Lungæ Planum	9.6 N	66.6	1147
Malea Planum	65.9 S	297.4	664
Ophir Planum	9.6 S	62.2	664

Sinai Planum	12.5 S	87.1	661
Solis Planum	20.9 S	94.6	910
Syria Planum	12.0 S	103.9	470
Syrtis Major Planum	9.5 N	289.6	843
Thaumasia Planum	22.0 S	65	578

台地（TERRA）

	纬度 /（°）	西经 /（°）	直径 / 英里
Aonia Terra	58.2 S	94.8	2095
Arabia Terra	25.0 N	330	3729
Cimmeria Terra	34.0 S	215	1420
Margaritifer Terra	16.2 S	21.3	3365
Meridiani Terra	7.2 S	356	1008
Noachis Terra	45.0 S	350	2175
Promethei Terra	52.9 S	262.2	1716
Sabæa Terra	10.4 S	330.6	850
Sirenum Terra	37.0 S	160	1345
Tempe Terra	41.3 S	70.5	1277
Tyrrhena Terra	14.3 S	278.5	1751
Xanthe Terra	4.2 N	46.3	1911

山丘（THOLUS）

	纬度 /（°）	西经 /（°）	底端直径 / 英里
Albor Tholus	19.3 N	209.8	103
Ceraunius Tholus	24.2 N	97.2	67
Hecates Tholus	32.7 N	209.8	113
laxartes Tholus	72.0 N	15	33
Jovis Tholus	18.4 N	117.5	38
Tharsis Tholus	13.4 N	90.8	95
Uranius Tholus	26.5 N	97.8	46

谷（VALLIS）

	纬度 /（°）	西经 /（°）	长度 / 英里
Al-Qahira Vallis	17.5S	196.7	339

Ares Vallis	9.7 N	23.4	1050
Auqakuh Vallis	28.6 N	299.3	121
Huo Hsing Vallis	31.5 N	293.9	211
Kasei Vallis	22.8 N	68.2	1380
Ma'adim Vallis	21.0 S	182.7	535
Maja Vallis	15.4 N	56.7	814
Mangala Vallis	7A S	150.3	547
Marti Vallis	11.0 N	182	1057
Nirgal Vallis	28.3 S	41.9	318
Shalbatana Vallis	5.6 N	43.1	417
Simud Vallis	11.5 N	38.5	667
Tiu Vallis	8.6 N	34.8	603
Valles Marineris	11.6 S	70	2566

广低平原（VASTITAS）

	纬度 /（°）	西经 /（°）	直径 / 英里
Vastitas Borealis	67.5 N	180	6214

索　　引*

火星表面地形名称前加*号表示

A

---

* 索引中页码为英文原书页码，即本书旁码。

C

F

G

索引

M

Q

R

S

附表一　本书常用英制单位与国际单位（SI）换算表*

1 英寸（inch）= 25.4 毫米（millimeter）

1 英尺（foot）= 12 英寸（inche）= 0.304 8 米（meter）

1 码（yard）= 3 英尺（foot）= 0.914 4 米（meter）

1 英里（mile）= 1 760 码（yard）= 1.609 千米（kilometer）

1 海里（nautical mile） = 1 852 米（meter）

1 英亩（acre）= 4 840 平方码（square yard）= 0.405 公顷（hectare）

1 盎司（ounce）= 28.35 克（gram）

1 磅（pound）= 16 盎司（ounce）= 0.453 6 千克（kilogram）

* 此表为中译本编者所加，供读者阅读内文时参考。

附表二　火星表面主要特征的名称和坐标(括弧内表示经度，纬度)*

1. 酸海（Acidalium Mare）	（30°，+45°）
2. 艾奥利斯（Aeolis）	（215°，−5°）
3. 艾里亚（Aeria）	（310°，+10°）
4. 艾塞里亚（Aetheria）	（230°，+40°）
5. 埃塞俄比亚（Aethiopis）	（230°，+10°）
6. 阿马佐尼斯区（Amazonis）	（140°，+0°）
7. 阿门塞斯（Amenthes）	（250°，+5°）
8. 奥尼厄斯湾（Aonius Sinus）	（105°，−45°）
9. 阿拉伯（Arabia）	（330°，+20°）
10. 阿拉克斯河（Araxes）	（115°，−25°）
11. 阿加底亚（Arcadia）	（100°，+45°）
12. 阿盖尔（Argyre）	（25°，−45°）
13. 阿尔农（Arnon）	（335°，+48°）
14. 黎明湾（Auroræ Sinus）	（50°，−15°）
15. 奥桑尼亚（Ausonia）	（250°，−40°）
16. 南海（Australe Mare）	（40°，−60°）

* 本表取自《星图手册》，科学出版社1984年版，李珩、李元译自英国Norton's Star Atlas 1978年第17版，该书的这一版曾得到Patrick Moore等人的修订；本表同见于1995年在台湾明文书局出版的《星图手册》，是根据英国1989年第18版，仍为上述两位译者所译。本表为中译本编者所加，由李元先生提供。供进一步研究者参考。

17. 巴尔西亚（Baltia）　（50°，+60°）
18. 北海（Boreum Mare）　（90°，+50°）
19. 北风湾（Boreosyrtis）　（290°，+55°）
20. 坎多尔区（Candor）　（75°，+3°）
21. 卡修斯（Casius）　（260°，+40°）
22. 塞布伦尼亚（Cebrenia）　（210°，+50°）
23. 切克罗匹亚（Cecropia）　（320°，+60°）
24. 塞劳尼斯（Ceraunius）　（95°，+20°）
25. 塞尔伯拉斯（Cerberus）　（205°，+15°）
26. 查尔斯（Chalce）　（0°，−50°）
27. 切尔桑内萨斯（Chersonesus）　（260°，−50°）
28. 克龙尼海（Chronium Mare）　（210°，−58°）
29. 克里斯区（Chryse）　（30°，+10°）
30. 克里索克拉（黄金半岛）（Chrysokeras）　（110°，−50°）
31. 克梅里门海（Cimmerium Mare）　（220°，−20°）
32. 克拉里塔斯（Claritas）　（110°，−35°）
33. 轮沼（Copais Palus）　（280°，+55°）
34. 科普拉特斯（“大运河”）（Coprates）　（65°，−15°）
35. 西克洛比亚（Cyclopia）　（230°，−5°）
36. 西多尼亚（Cydonia）　（0°，+40°）
37. 德尔多唐湾（Deltoton Sinus）　（305°，−4°）
38. 德卡莱昂区（Deucalionis Regio）　（340°，−15°）
39. 德特龙尼吕斯（运河）（Deuteronilus）　（0°，+35°）
40. 迪亚克里亚（Diacria）　（180°，+50°）
41. 戴奥斯卡利亚（Dioscuria）　（320°，+50°）
42. 伊多岬（Edom）　（345°，0°）
43. 埃莱克特利斯大陆（Electris）　（190°，−45°）

44. 埃丽榭（Elysium）（210°，+25°）
45. 埃里丹尼亚（波江）（Eridania）（220°，−45°）
46. 埃里斯雷海（Erythræum Mare）（40°，−25°）
47. 欧诺斯托斯（“黑运河”）（Eunostos）（220°，+22°）
48. 幼发拉底（Euphrates）（335°，+20°）
49. 盖杭（“小运河”）（Gehon）（0°，+15°）
50. 哈德利亚海（Hadriacum Mare）（270°，−40°）
51. 赫拉斯（Hellas）（290°，−40°）
52. 赫勒斯凹地（Hellespontica Depressio）（340°，−6°）
53. 赫勒斯大运河（Hellespontus）（325°，−50°）
54. 赫斯普利亚（Hesperia）（240°，−20°）
55. 希德基尔运河（Hiddekel）（345°，+15°）
56. 北湖（Hyperboreus Lacus）（60°，+75°）
57. 砂海南暗区（Iapigia）（295°，−20°）
58. 伊卡利亚（Icaria）（130°，−40°）
59. 伊西底斯区（Isidis Regio）（275°，+20°）
60. 伊斯门尼斯湖（Ismenius Lacus）（330°，+40°）
61. 杰芒纳运河（Jamuna）（40°，+10°）
62. 青年泉（Juvente Fons）（63°，−5°）
63. 赤道运河（Læstrygon）（200°，0°）
64. 北极亮区（Lemuria）（200°，+70°）
65. 利比亚（Libya）（270°，0°）
66. 月湖（Lunæ Lacus）（65°，+15°）
67. 珍珠湾（Margaritifer Sinus）（25°，−10°）
68. 麦诺尼亚区（Memnonia）（150°，−20°）
69. 北温带褚岛（Meroe）（285°，+35°）
70. 子午线湾（Meridiani Sinus）（0°，−5°）

71. 莫玻（Moab）（350°，+20°）

72. 莫利斯湖（Mæris Lacus）（270°，+8°）

73. 内克塔尔（Nectar）（72°，−28°）

74. 尼思区（Neith Regio）（270°，+35°）

75. 内本塞斯运河（Nepenthes）（260°，+20°）

76. 内赖丹峡（Nereidum Fretum）（55°，−45°）

77. 尼拉卡斯湖（Niliacus Lacus）（30°，+30°）

78. 尼罗克拉斯运河（Nilokeras）（55°，+30°）

79. 尼罗砂海（Nilosyrtis）（290°，+42°）

80. 奥斯匹克雪原（Nix Olympica）（130°，+20°）

81. 罗亚奇斯大陆（Noachis）（330°，−45°）

82. 阿基基斯区（Ogygis Regio）（65°，−45°）

83. 奥林匹亚（Olympia）（220°，+80°）

84. 奥弗尔区（Ophir）（65°，−10°）

85. 阿尔蒂几亚（Ortygia）（0°，+60°）

86. 奥克几亚沼（Oxia Palus）（18°，+8°）

87. 奥克萨斯（Oxus）（10°，+20°）

88. 潘查亚（Panchaia）（200°，+60°）

89. 潘多拉海峡（Pandoræ Fretum）（340°，−25°）

90. 费索恩蒂斯大陆（Phæthontis）（155°，−50°）

91. 菲松（Phison）（320°，+20°）

92. 菲勒格拉（Phlegra）（190°，+30°）

93. 菲尼西斯湖（Phœnicis Lacus）（110°，−12°）

94. 菲尼克斯区（Phrixi Regio）（70°，−40°）

95. 普罗米修斯湾（Promethei Sinus）（280°，−65°）

96. 普罗庞蒂斯（Propontis）（185°，+45°）

97. 普罗泰区（Protei Regio）（50°，−23°）

98. 普罗托尼吕斯（Protonilus） （315°，+42°）

99. 皮雷区（Pyrrhæ Regio） （38°，–15°）

100. 砂湾（Sabaeus Sinus） （340°，–8°）

101. 斯堪底亚（Scandia） （150°，+60°）

102. 蛇海（Serpentis Mare） （320°，–30°）

103. 西奈（Sinai） （70°，–20°）

104. 西尔鲁姆海（Sirenum Mare） （155°，–30°）

105. 西索尼斯湖（Sithonius Lacus） （245°，+45°）

106. 太阳湖（Solis Lacus） （90°，–28°）

107. 斯蒂克斯运河（Styx） （200°，+30°）

108. 叙利亚（Syria） （100°，–20°）

109. 大流沙（Syrtis Major） （290°，+10°）

110. 坦纳伊斯（Tanais） （70°，+50°）

111. 坦普（Tempe） （70°，+40°）

112. 索马希亚（Thaumasia） （85°，–35°）

113. 索斯（Thoth） （255°，+30°）

114. 赛尔 I（Thyle I） （180°，–70°）

115. 赛尔 II（Thyle II） （230°，–70°）

116. 赛米马塔（Thymiamata） （10°，+10°）

117. 蒂桑尼斯湖（Tithonius Lacus） （85°，–5°）

118. 阿尔布斯区（Tractus Albus） （80°，+30°）

119. 特林纳克利亚（Trinacria） （268°，–25°）

120. 查洛蒂三角地（Trivium Charontis） （198°，+20°）

121. 蒂尔赫门海（Tyrrhehum Mare） （225°，–20°）

122. 欧克昂克亚（Uchronia） （260°，+70°）

123. 阴影（Umbra） （290°，+50°）

124. 乌托邦（Utopia） （250°，+50°）

125. 火山岩（Vulcani Pelagus）　（15°，-35°）

126. 克桑思（Xanthe）　（50°，+10°）

127. 雅昂尼斯区（Yaonis Regio）　（320°，-40°）

128. 策菲利亚（Zephyria）　（195°，0°）

图书在版编目(CIP)数据

火星的故事/(英)摩尔著;宋宇莹,刘茜译.—北京:北京理工大学出版社,2004.5

(盗火者译丛)

ISBN 7-5640-0244-1

Ⅰ.火…　Ⅱ.①摩…②宋…③刘…　Ⅲ.火星-普及读物

Ⅳ.P185.3-49

中国版本图书馆CIP数据核字(2004)第013051号

北京市版权局著作权合同登记号　图字:01—2003—1264号

Patrick Moore On Mars

First published in the United Kingdom in 1998 by Cassell Illustrated

Chinese translation published by Beijing Institute of Technology Press

Published by arrangement with Octopus Publishing Group Ltd

出版发行/北京理工大学出版社
社　　址/北京市海淀区中关村南大街5号
邮　　编/100081
电　　话/(010)68914775(办公室)　68912824(发行部)
网　　址/http://www.bitpress.com.cn
电子邮箱/chiefedit@bitpress.com.cn
经　　销/全国各地新华书店
印　　刷/北京圣瑞伦印刷厂
开　　本/787毫米×1092毫米　1/16
印　　张/18
插　　页/10
字　　数/196千字
版　　次/2004年5月第1版　2004年5月第1次印刷
印　　数/1~7000册　责任校对/陈玉梅
定　　价/36.00元　责任印制/母长新